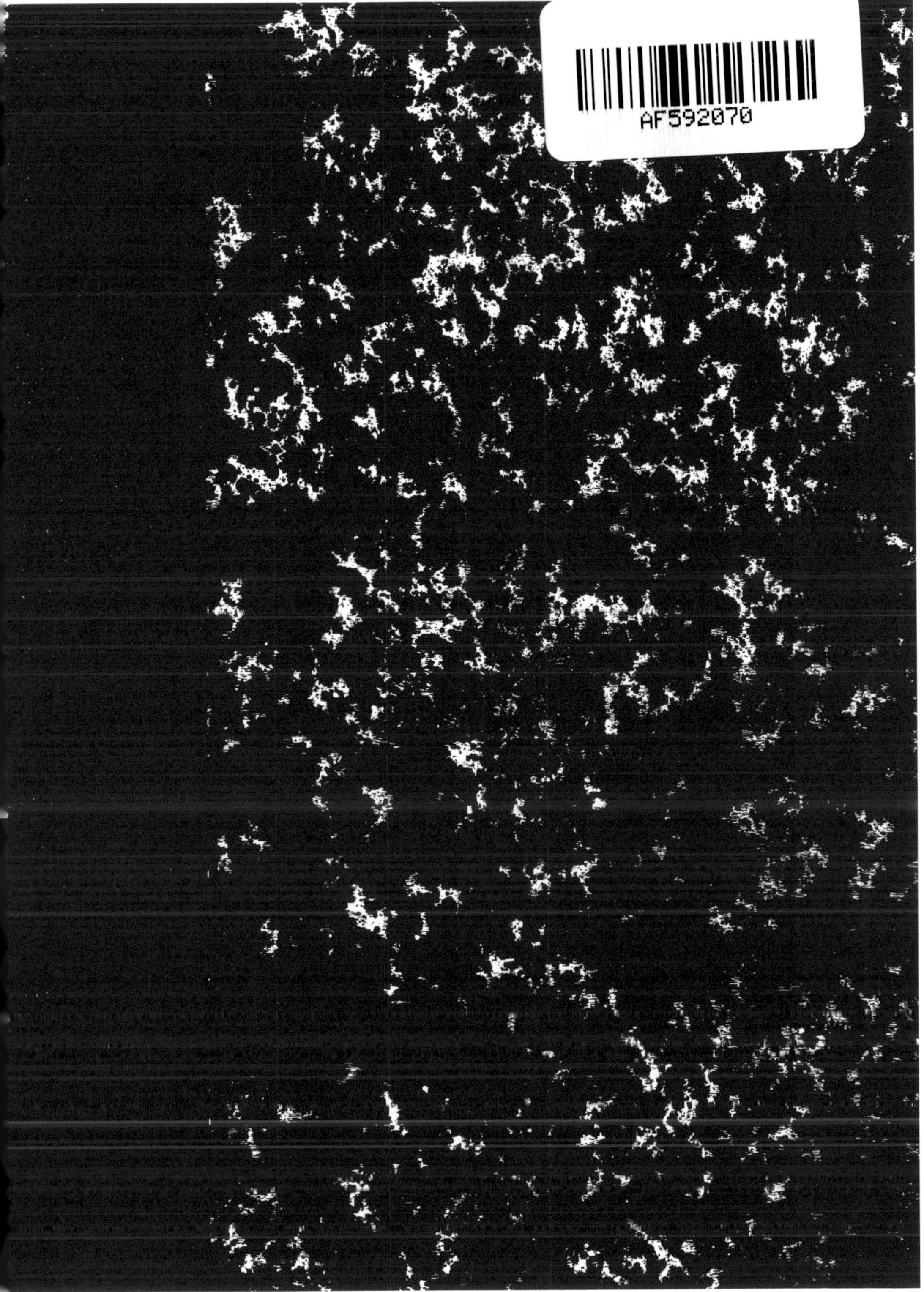

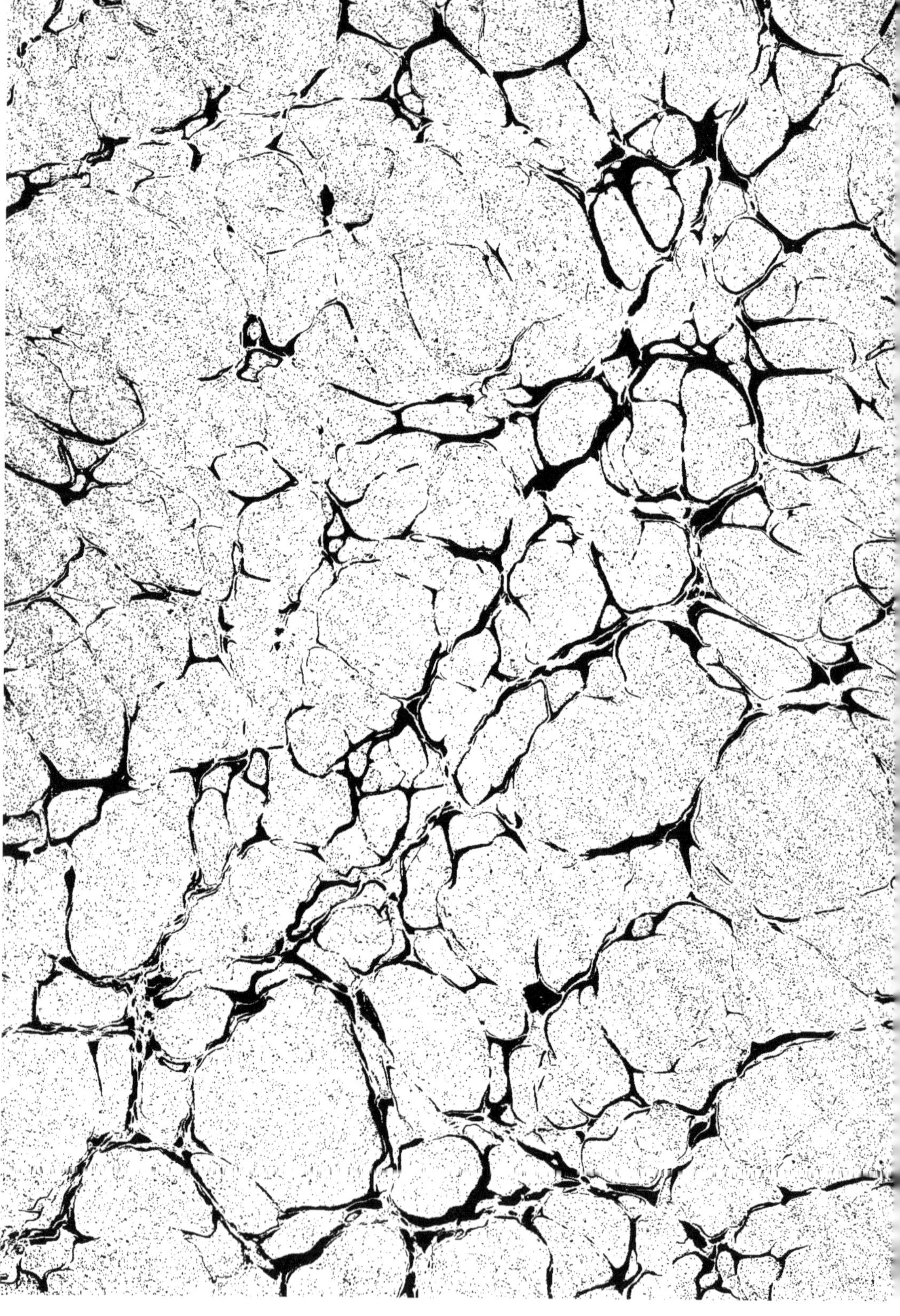

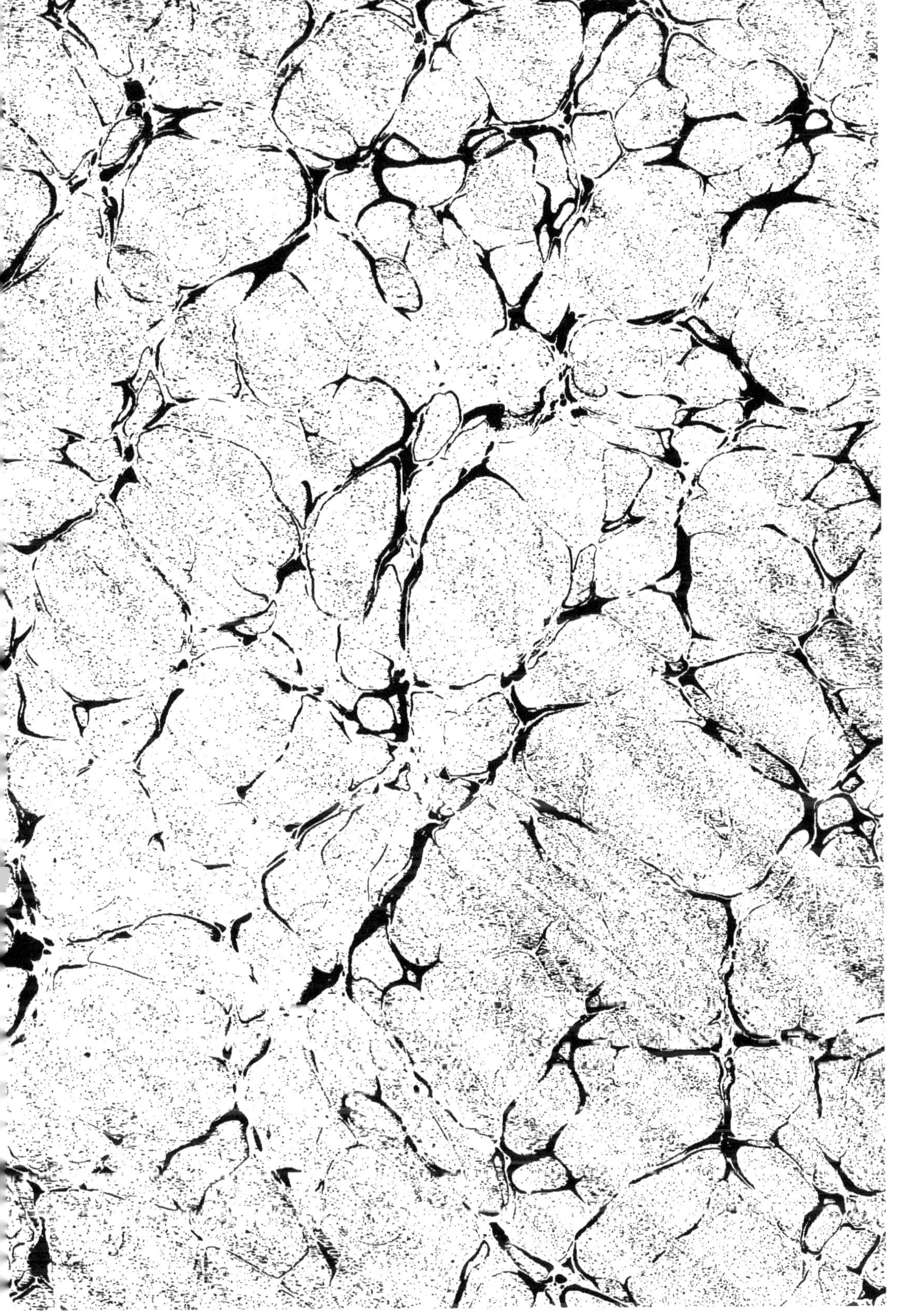

L'ABYSSINIE

Série petit in 16.

CARTE DE L'ABYSSINIE

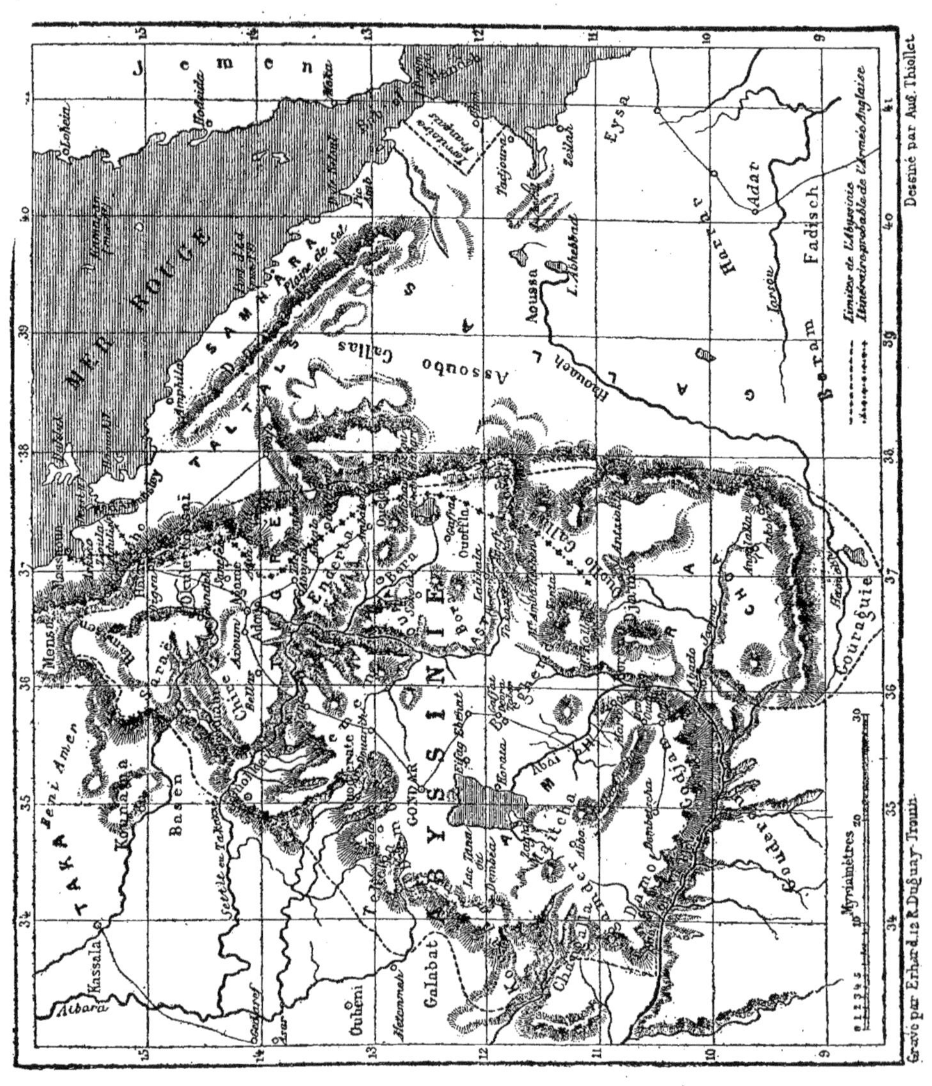

A. S. DE DONCOURT

L'ABYSSINIE

D'APRÈS JAMES BRUCE

ET LES VOYAGEURS CONTEMPORAINS

Orné de 48 gravures.

LIBRAIRIE DE J. LEFORT

IMPRIMEUR ÉDITEUR

LILLE — PARIS

RUE CHARLES DE MUYSSART, 24 — RUE DES SAINTS - PÈRES, 30

INTRODUCTION

BIEN que les géographes du commencement de notre siècle, Malte-Brun en tête, aient mis en doute l'exactitude des récits du célèbre voyageur écossais James Bruce, il résulte, en ce qui concerne du moins l'Abyssinie, des renseignements nouveaux obtenus grâce aux relations récentes qui se sont ouvertes entre cette partie du continent africain et l'Europe, que les origines de ce pays et les mœurs de ses habitants n'ont pas eu, jusqu'à présent, d'observateur plus exact et d'historien plus fidèle.

Ce que les déductions d'une critique sévère avaient fait repousser, s'est trouvé justifié par la connaissance des faits.

Une rapide appréciation de la vie et des travaux de James Bruce nous semble réclamer ici sa place.

Issu d'une illustre famille dont la généalogie remonte jusqu'aux anciens rois d'Ecosse, James Bruce naquit le 14 décembre 1730, à Kinnaire (comté de Stirling). Il fut destiné par son père à la carrière du barreau, où, ses études à peine achevées, il se distingua par de remarquables plaidoiries.

Tout présageait au jeune avocat un brillant avenir, lorsque son mariage avec la fille d'un riche négociant de Londres l'engagea à tourner d'un autre côté son infatigable activité de corps et d'esprit.

Laissant de côté les travaux de cabinet, il s'appliqua à sonder les mystères, alors à peine entrevus et déjà cependant dévoilés en partie, de l'application des sciences à l'industrie.

Il eut la sagacité et le rare bonheur de ne se hasarder que dans des entreprises que le succès couronna et dans lesquelles il fit une fortune rapide, en même temps qu'il y acquérait la plus honorable réputation.

« Rien, dit un de ses biographes, n'eût manqué à son bonheur, si la santé de sa femme qu'il chérissait ne lui eût donné de trop justes inquiétudes.

» On l'engagea à la conduire, pour y passer l'hiver, dans le midi de la France, et il eut la douleur de la perdre à Paris. »

Désespéré, il renonça aux affaires et résolut de s'ensevelir dans son chagrin; mais, reconnaissant bientôt que l'inaction, au lieu d'adoucir ses regrets, leur créait sans cesse de nouveaux aliments, il pensa qu'il pourrait trouver le calme et la consolation dans l'étude à laquelle il se livra avec l'ardeur qu'il mettait à toutes choses.

L'étude occupa son esprit, mais ne tranquillisa point son cœur. Espérant alors qu'un changement de lieu, qu'un autre ordre d'occupations et d'idées pourraient lui être favorables, il visita tour à tour le Portugal et l'Espagne.

A Madrid, le désir de pouvoir compulser les précieux manuscrits arabes que possède la bibliothèque de l'Escurial, le porta à étudier la langue arabe; cette étude le conduisit à entreprendre celle de l'éthiopien. De là à se passionner pour les questions relatives à l'antique histoire des peuples pasteurs, il n'y avait qu'un pas, et ce pas, un homme de la trempe de James Bruce ne devait pas tarder à le franchir.

Sur ces entrefaites, lord Halifax, ayant été amené, par suite de différentes communications adressées au gouvernement anglais, à se préoccuper de la question des sources du Nil, question pendante depuis la plus haute antiquité et qui, à notre temps, est à peine complètement résolue, entendit parler des recherches de Bruce, sinon sur cette question elle-même, du moins sur le pays où elle devait trouver sa solution et sur les peuples qui habitent ce pays.

Le noble lord se procura les articles que Bruce venait justement de publier sur son sujet favori; il les lut, en fut très satisfait, et, de sa propre main, écrivit à leur savant auteur pour lui proposer de porter ses investigations sur le cours supérieur du grand fleuve, en remontant jusqu'à ses sources.

James Bruce accepta, non pas seulement avec empressement, mais avec enthousiasme, la mission qui lui était offerte : ce champ d'action, après lequel il soupirait et qu'il avait cherché sans parvenir à le découvrir, lui était ainsi inopinément ouvert.

Nommé consul anglais à Alger (en 1763), il résida pendant cinq ans dans cette ville, si fameuse alors dans les annales de la piraterie; il y acquit ce que ses études à Madrid n'avaient pu lui procurer, la facilité de s'exprimer en arabe et les principales locutions en usage dans les différents dialectes de cette langue parlée en Afrique.

De plus, il y acquit une connaissance aussi approfondie que peut le faire un Européen, du caractère, des mœurs, des habitudes des peuples avec lesquels il se proposait d'entrer en contact.

Ainsi préparé, il se mit en route pour l'Abyssinie dans le courant de juin 1768.

Au lieu de suivre, comme Le Vaillant qui, en ce moment, se proposait lui aussi de pénétrer jusqu'aux sources du Nil, la route du cap de Bonne-Espérance, il choisit une voie toute différente : abordant immédiatement la vallée même du grand fleuve, il entra en Afrique par l'Egypte et la mer Rouge.

Pendant son absence, qui dura cinq ans, il ne lui fut pas possible de faire parvenir de ses nouvelles en Europe, si ce n'est au début de son voyage.

Sa famille le crut mort et ses héritiers se partagèrent sa fortune.

Grande fut son irritation lorsqu'à son retour il se trouva ainsi dépossédé de tous ses biens.

Il réclama devant les tribunaux; lord Halifax et plusieurs autres grands seigneurs, qui estimaient que l'Angleterre avait le devoir de soutenir les droits d'un homme qui, au prix de tant de fatigues et de périls, venait de faire faire un pas si décisif à la géographie de l'Afrique, unirent leurs efforts pour prouver non pas que le soi-disant mort était vivant, le fait était indéniable, mais qu'un homme vivant a le droit de revendiquer son bien partout où il le trouve.

Mais la procédure anglaise est si compliquée; elle offre tant de ressources pour éterniser l'affaire la plus simple et la plus claire, que ce ne fut qu'après un procès qui dura plusieurs années que l'illustre voyageur rentra en possession de son patrimoine.

Fatigué, aigri par cette longue lutte, désireux surtout d'écarter

CATARACTE DU NIL

ses parents de tous droits à sa succession, lorsque réellement elle serait ouverte, James Bruce se choisit une seconde compagne.

Il espérait par ce mariage obtenir un fils à qui reviendrait de droit la terre substituée de Kinnaire (1).

Son espoir ne se réalisa pas; la mort lui prit sa seconde femme, comme elle lui avait ravi la première, avant qu'elle lui eût donné d'enfant. Cette fois il ne se sentit ni la volonté, ni le courage de réagir contre sa douleur et ses regrets.

Renonçant complètement au monde, il se fit de son château de Kinnaire une solitude impénétrable, où sa seule occupation fut de rédiger d'abord, et ensuite de revoir et de corriger la relation de son voyage.

Sa santé n'avait pas été altérée par son long séjour en Afrique, et, bien qu'il eût dépassé sa soixantième année, il pouvait se dire dans la force de l'âge, lorsqu'un accident imprévu — une chute dans l'escalier de son château, — lui coûta la vie.

Il mourut après quelques jours de cruelles souffrances, sans s'être réconcilié avec la pensée que son cher domaine allait tomber aux mains de ceux, dont la cupidité et la précipitation à s'emparer une première fois de son héritage, en empoisonnant la fin de sa vie, l'avaient empêché de jouir des fruits de son heureuse exploration.

Nous disons « heureuse exploration; » car, quoique, comme il résulte des recherches et des études de savants voyageurs contemporains et notamment du docteur Livingston, Bruce se soit trompé en prenant pour les sources du vrai Nil, du Nil Blanc *(Bahr-el-Abiad)*, ce qui n'était que les sources du Nil Bleu *(Bahr-el-Azrak)*, il n'en

(1) Il existe encore en Angleterre, comme il existait en France autrefois, un certain nombre de *terres* dites *substituées*, sortes de fiefs ou majorats qui se transmettent dans la même famille selon certaines conditions déterminées. Celui qui en est le possesseur ne peut ni en disposer après sa mort, ni l'hypothéquer d'aucune façon; il n'a absolument que la jouissance de la propriété et de son revenu. Lorsqu'un titre est attaché à ces terres, il passe avec elles à l'héritier légal.

a pas moins été un des plus hardis et des plus remarquables voyageurs des temps modernes.

« Son voyage, en effet, s'accomplit dans des conditions telles, qu'il jeta un jour tout nouveau sur la question et qu'il figure parmi les documents les plus curieux et les plus exacts que l'on puisse consulter sur l'histoire, les mœurs et la géographie de l'Afrique orientale. »

JAMES BRUCE

L'ABYSSINIE

Description géographique.

La situation et l'étendue de l'Abyssinie ne sauraient être indiquées avec une précision rigoureuse, puisque les limites qui séparent les Abyssins de la Nubie au nord, des Gallas au sud-ouest et au sud, et de l'ancien royaume d'Adel au sud-est, ne sont fixées que par le sort incertain et variable des armes.

En y comprenant les côtes de la mer Rouge et les provinces occupées par les Gallas, on peut donner à l'Abyssinie une longueur de neuf cent soixante kilomètres du nord au sud, depuis le 7° jusqu'au 16° 30'' de latitude boréale, et une largeur de huit cent soixante kilomètres, depuis le 32° jusqu'au 41° de longitude est.

Ce pays répond à la partie la plus méridionale de l'*Æthiopia supra Ægyptum;* et quoique très certainement la dénomination d'*Æthiopes* soit d'origine grecque, et qu'elle ait servi à désigner tous les peuples de couleur foncée, les Abyssins s'appellent encore eux-mêmes *Itiopiavan* et leur pays *Itiopia.*

Cependant ils préfèrent le nom de *Agazian* pour eux et celui d'*Agazi* ou de *Ghez* pour le royaume.

Le nom d'*Habeschyn,* que les Mahométans leur donnent et dont les Européens ont fait *Abassi*, *Abyssini*, etc., est arabe, et signifie peuple mélangé ; aussi les Abyssins le repoussent-ils avec dédain.

Considérée dans son ensemble, l'Abyssinie forme un plateau doucement incliné au nord-ouest, et ayant à l'est et au sud deux grands escarpements, le premier vers le golfe Arabique, l'autre vers l'intérieur de l'Afrique.

Ces deux escarpements offrent des chaînes régulières couronnées de montagnes isolées.

Tous les voyageurs sont d'accord à montrer ces montagnes comme ayant une configuration singulière. Elles sont, disent-ils, presque partout coupées à pic, et on ne les gravit qu'au moyen de cordages et d'échelles.

Les rochers y affectent les formes les plus bizarres ; la plupart d'entre eux font penser à des remparts à demi écroulés, flanqués çà et là de tours en ruines.

On ne possède pas encore de données certaines sur l'altitude des principaux de ces sommets; toutefois les neiges qui persistent sur quelques-uns d'entre eux annoncent une élévation probable de 4,500 à 5,000 mètres.

Une des arêtes principales se dirige vers le sud-ouest. Elle porte les noms de *Samen*, *Amhara*, *Choa*, *Enarya*, c'est-à-dire ceux des différentes provinces qu'elle traverse.

Elle élève dans les nues des cimes appelées *Ambas*, telles que l'*Amba-Haggi*, l'*Amba-Sel* et l'*Amba-Gschen;* cette dernière domine, comme un autre Mont-Blanc, les Alpes éthiopiennes.

Mais avant d'aborder la description du plateau abyssin, nous avons à nous occuper de la partie des côtes qui, soumise aux négus, appartient à leur empire.

De France en Abyssinie, la voie, aujourd'hui la plus simple et la plus commode, est la mer Rouge par le canal de Suez.

De Suez, on se rend à Massouah en touchant à *Yambo*, qui est le port d'une des trois villes saintes de l'Arabie (1), où l'accueil

(1) De Médine, où naquit Mahomet.

actuellement réservé aux chrétiens n'est guère moins menaçant qu'au temps de Bruce ; et ensuite à *Djeddah*, où, malgré le titre pompeux du *Paris de la mer Rouge*, qui lui a été attribué par quelques résidents européens, la sécurité et la vie même de ceux-ci ne sont bien assurées que grâce aux plus prudentes et aux plus continuelles précautions (1).

A Djeddah s'arrêtent les services directs de l'Europe et même de l'Egypte sur ces côtes. Pour aller jusqu'à Massouah, premier port abyssin, il faut s'entendre avec un *reis* ou patron de barque qui, pour une somme relativement modeste, met à la disposition du voyageur son *sambouck*, sorte d'embarcation « qui peut donner une idée exacte des nefs de saint Louis et de ses chevaliers, telles que les dépeint le sire de Joinville, dans sa chronique des dernières croisades. »

Pendant que notre sambouck traverse lentement le golfe Arabique, demandons à notre guide privilégié, Malte-Brun, de nous donner la description générale de cette région, dont les habitants ont joué un rôle si considérable dans l'histoire de l'humanité.

Les anciens, dit-il, considéraient la chaîne de montagnes qui longe le golfe Arabique comme très riche en métaux et en pierres fines. Ils parlent de mines d'or qu'on exploitait dans une roche blanche probablement granitique.

Mais la chaleur et la rareté de l'eau rendent la partie la plus basse de la côte presque inhabitable. Partout les citernes remplacent les sources.

Pendant la saison sèche, les éléphants, au moyen de leurs trompes et de leurs dents, creusent des trous pour trouver de l'eau.

Les vents *étésiens* ou du nord-est amènent des pluies périodiques particulières à cette région ; les petits lacs et les mares dont la côte est parsemée se remplissent d'eau pluviale. Les palmiers, les oli-

(1) Témoin, il y a peu d'années, la mort de M. Eveillard, notre consul, et celle de son collègue le consul anglais, qui furent égorgés ainsi que la femme du premier, par quelques-unes de ces bandes fanatiques, prises tout à coup de « cette folie religieuse » à laquelle il faut constamment s'attendre en pays musulman et surtout en Arabie.

viers, les lauriers, les *styrax* ou *aliboufiers*, et d'autres arbres aromatiques couvrent les îles et les côtes basses. Dans les bois on voit errer l'éléphant, la girafe, l'ours fourmilier et plusieurs espèces de singes.

La mer peu profonde se colore d'une nuance vert de pré, tant est grande la quantité d'algues ou d'herbes marines qu'elle nourrit. Il s'y trouve aussi de nombreux rochers de corail.

La nature du sol et celle du climat ont toujours retenu les habitants dans le même état de misère sauvage. Divisés en tribus, sous des chefs héréditaires, ils vivaient dès les temps les plus reculés, et ils vivent encore des produits de leurs troupeaux de chèvres et de leur pêche.

Les creux des rochers étaient et sont encore leurs habitations ordinaires. C'est de ces cavernes, en grec *Trogle*, qu'est venu le nom général de *Troglodytes* (1) sous lequel les anciens les désignaient, et par suite, celui de *Troglodytique* sous lequel était connu leur pays (2).

Les anciens tenaient ces peuples pour Arabes d'origine. Bruce les comprend sous le nom général d'*Agazi* ou *Ghez*, c'est-à-dire *pasteurs*. Ils parlent la langue ghez qui a beaucoup d'analogie avec l'arabe et dont les sons rudes et bizarres ont accrédité, parmi les anciens, l'opinion que les Troglodytes sifflaient et hurlaient au lieu de parler.

Quelques-unes de ces tribus étaient dans l'usage de ne jamais manger de viande et de ne se nourrir seulement que du laitage que leur fournissaient leurs troupeaux. Cette coutume paraît ne s'être conservée que dans une seule peuplade, celle des *Hazorias;* d'autres mangeaient des serpents et des sauterelles, nourriture très estimée encore par les *Shangallas;* enfin, il y en avait qui dévoraient les

(1) On trouve aussi des Troglodytes au pied du Caucase et de l'Atlas, dans la Musie (aujourd'hui Serbie et Bulgarie), en Italie et en Sicile.

(2) Cette côte, alors et aujourd'hui inhospitalière, porte aussi le nom de côte d'*Abex* ou d'*Habesch* et de *Nouvelle-Arabie*.

chairs et les os broyés ensemble et rôtis dans la peau de toute espèce d'animaux.

Ils savaient composer avec certains fruits sauvages une sorte de liqueur vineuse dont ils étaient très gourmands.

Les plus misérables d'entre eux se rendaient en troupes, comme les bestiaux, auprès des lacs ou mares d'eau pour y assouvir leur soif.

Ce portrait des anciens Troglodytes paraît en grande partie applicable aux habitants actuels de ces côtes.

Si nos lecteurs veulent bien nous accompagner, nous allons, conduits par le commandant Russel, qui nous en fera les honneurs, visiter un de leurs villages, en tenant compte toutefois de l'influence qu'y a exercée, au profit des mœurs en général et en particulier de l'accueil bienveillant fait aux étrangers, la mission catholique établie, en 1843, à Hallaye par les Lazaristes. C'est celui d'Haouène, en grande partie chrétien et catholique (1). Adossé à une montagne peu élevée, ce village étage ses maisons en amphithéâtre, profitant de toutes les anfractuosités, comme de toutes les assises du rocher, pour les établir.

« On en compte une centaine environ pour une population de six cents âmes. Cinq mille chèvres et moutons et presque autant de bêtes de la race bovine composent le troupeau du village; la richesse des troupeaux est toujours subordonnée à celle des pâturages environnants, dont ils attestent ici l'abondance.

» Les races de ces divers animaux sont petites, mais bien conformées ; les bœufs ont sur le garrot une protubérance charnue plus ou moins développée. Leurs cornes, d'une seule courbe, sont peu inclinées en avant, en éventail et très acérées.

» On dit ces animaux très forts et d'un pied très sûr dans les

(1) Pour preuve que les mœurs et les usages décrits par Bruce sont toujours exacts, citons l'accueil fait par les habitants de ce village à M. Russel : « Le chef d'Haouène, dit-il, m'envoie en présent une belle génisse, du pain, du lait, des œufs. Un chasseur armé d'un fusil à mèche vient m'offrir deux belles pintades et un oiseau noir à ailes blanches, malheureusement trop avarié pour être préparé. »

plus mauvais chemins. Nous en avons rencontrés, en effet, lourdement chargés dans le défilé du Sero et sur les pentes abruptes du Tarenta.

» .... Entrons dans la principale maison du village. C'est un grand quadrilatère irrégulier, d'une hauteur de trois mètres au plus, divisé à l'intérieur en compartiments sans portes, affectés à tous les usages domestiques. Les murs, reliés à la montagne, sont en pierres, maçonnés avec de la terre glaise, recouverts, en guise de tapisserie, par de grossières nattes de jonc.

» Les divisions intérieures sont, partie en maçonnerie et partie en piliers de bois (genevriers), rapprochés de façon à soutenir la toiture en terrasse qui couvre toutes les maisons.

» Cette toiture est faite de perches ou chevrons, rapprochés deux à deux à quarante centimètres de distance et portant sur les poutres qui reposent elles-mêmes sur les piliers ou sur les murs. Sur les chevrons, de plus petits morceaux de bois écorcés sont posés très serrés et en soutiennent d'autres qui les croisent.

» Puis enfin des fagots couronnent le toit et reçoivent une épaisse couche de terre et de sable mélangés, impénétrables à l'eau.

» Des trous pratiqués et maintenus au moyen de jarres en terre cuite laissent sortir une partie de la fumée. Il en reste encore assez toutefois pour tout noircir, pour asphyxier quiconque n'y est pas habitué et pour engendrer des ophtalmies fréquentes.

» .... On nous offre de la bière nouvelle, épaisse et très amère (du bouzac), produit de l'orge fermenté et de l'hydromel, boisson obtenue par la fermentation du miel. C'est peut-être bon ; je n'affirmerais pas le contraire, mais ce qui est certain c'est qu'il faut y être accoutumé....

» Nous remarquons dans les cabanes chrétiennes d'Haouène des images de saints de la fabrique d'Epinal. Sur notre passage, tous les chrétiens de tout sexe et de tout âge se hâtent de faire paraître sur leur poitrine noire le cordon bleu qui les distingue des musulmans.

» Les petits enfants, tout nus ou n'ayant pas d'autres vêtements

MAISON DE LA CÔTE D'ABYSSINIE

qu'un anneau au haut de l'oreille et un chapelet de coquillage autour du cou, ne manquent pas d'être pourvus de ce signe apparent du christianisme. Les catholiques y ajoutent la médaille de la Vierge et s'empressent de la mettre en évidence. Nous ne leur inspirons aucune crainte. Au contraire, ils viennent à nous avec une sympathie visible, tandis que les musulmans hésitent, se cachent ou s'enfuient... »

Comme la délimitation de la côte d'Habesch est fort incertaine, et qu'il n'est pas sans utilité pour quiconque s'intéresse aux récits de voyages, d'en bien saisir l'ensemble, nous allons en donner la description entière, en commençant par la partie septentrionale.

La côte forme ici un grand enfoncement auquel les navigateurs anciens et modernes s'accordent à donner le nom de *baie sale* ou de *golfe immonde*.

Au fond de ce golfe est le port des Abyssins. La côte qui suit ce port est appelée par les géographes arabes *Baza*, *Beja*, *Bedjah* ou *Bodschah*.

Ils en font un royaume séparé de la Nubie par une chaîne de montagnes riches en or, en argent et en émeraudes, et ils varient autant sur les limites de ce pays que sur l'orthographe qu'ils lui appliquent.

Les habitants de cette contrée, nommés *Bugiha* par Léon l'Africain, *Bogaïtes* dans l'inscription d'Axum, dont nous aurons occasion de parler, et *Bedjahs* par la plupart des Arabes, ont une existence nomade et sauvage. Le lait et la chair de leurs troupeaux, composés de chameaux, de bœufs et de brebis, leur fournissent une nourriture saine et abondante.

Chaque père de famille exerce chez lui une sorte d'autorité patriarcale, laquelle n'est contrôlée ou sanctionnée par aucune autre espèce de gouvernement. Pleins de loyauté entre eux, hospitaliers envers les étrangers, ils pillent les nations agricoles voisines, ainsi que les caravanes marchandes qui passent à leur portée. Leurs brebis ont la peau tigrée, et leurs bœufs se distinguent par la dimension énorme de leurs cornes. Dans quelques tribus, hommes et femmes se font arracher les dents de devant. Dans d'autres peuplades se sont formées des sociétés de femmes qui fabriquent des armes et qui vivent à la manière des amazones.

L'usage d'élever une robe au bout d'une pique en signe de paix, et pour commander le silence leur est commun avec les *Hazortas*, tribu de la côte d'Abyssinie, et, trait de ressemblance de plus, leur langue, selon Bruce, serait un dialecte de la langue ghez ou abyssine.

Toutefois, les historiens arabes prétendent qu'ils appartiennent à la race des *Berbers* ou *Barabras*.

Le port d'*Aïdab* ou de *Djidyd,* que nous rencontrons ensuite, a longtemps servi de point de communication entre l'Afrique et l'Arabie; les pèlerins de la Mecque s'y embarquaient pour traverser la mer Rouge. La fréquence et la violence du vent samoun (1) rend ce point de la côte très peu habitable; le gouvernement égyptien y entretient néanmoins une petite garnison.

Les deux ports de *Fedjah* et de *Dorho* ou *Deroura* sont aussi dans le pays de Bedjah.

Souakem ou *Souakim,* à quinze lieues au sud de Fedjah, est actuellement le port le plus fréquenté de cette partie de la côte d'Habesch.

La ville se compose de deux parties appelées *El-Gheyf* et *Oszok.* La première est sur la côte même et renferme 3,000 habitants; la seconde, défendue par quelques redoutes, occupe une partie d'une petite île sablonneuse et stérile; le gouverneur et les notables y résident; sa population s'élève à 5,000 âmes; on y voit des mosquées et des écoles, mais la plupart des maisons tombent en ruines. Le shérif de la Mecque y entretient une garnison.

La côte voisine, dépourvue de rivières et très mal approvisionnée d'eau douce, renferme de la pierre calcaire, de l'argile à potier, de l'ocre rouge, mais point de métaux.

(1) Ou simoun.

On y cultive le dourah, le tabac, les melons d'eau, la canne à sucre. Parmi les arbres, on remarque le sycomore, que les anciens prétendaient être originaire de la Troglodytique, de même que la *persea*. Les forêts se composent d'ébéniers, de gommiers ou acacias et de plusieurs variétés de palmiers. Un gros arbre produit des fruits assez semblables au raisin. On y rencontre des girafes et de nombreuses troupes d'éléphants. La mer donne des perles et du corail noir. Outre les produits de son territoire, la ville de Souakim exporte des esclaves et de l'or tirés du Soudan. Les habitants, ainsi que ceux du pays voisin de *Taka*, parlent une langue particulière.

Le promontoire *Raz-Ageeg* ou *Hahehas* paraît terminer le pays de Bedjah. Ce promontoire est suivi d'une côte déserte, bordée d'îlots et de rochers. C'était là que les Ptolémées faisaient prendre les éléphants dont ils avaient besoin pour leurs armées.

La première île un peu considérable qu'on rencontre est celle de *Duhalac;* elle a plus de trente-six kilomètres de longueur sur seize de largeur. Plane du côté du continent, elle se termine, du côté du golfe Arabique, par des rochers élevés. Les chèvres que l'on y trouve portent un poil long et soyeux. On tire une sorte de laque fort estimée d'un arbuste qui y croît. Les perles que l'on y pêchait autrefois étaient d'une teinte jaunâtre et de peu de valeur, c'est probablement ce qui a fait abandonner cette industrie.

Telle est, sur toute cette côte, la pénurie d'eau que celle des trois cent soixante-dix citernes qui y ont été creusées est fort recherchée par les navires; ils y viennent exprès faire relâche pour se la procurer. La malpropreté de ces citernes est cependant bien connue, ainsi que la mauvaise qualité de l'eau qu'on y recueille.

L'île de Duhalac, que les anciens appelaient *Orine*, était autrefois très peuplée.

Toute la côte que nous venons de parcourir est généralement regardée comme faisant partie de la Nubie ; elle ne rentre donc dans notre sujet qu'incidemment, c'est-à-dire parce qu'elle nous conduit à *Massouah,* où débarquent les voyageurs qui se rendent par mer en Abyssinie.

Nous nous y arrêterons toutefois un instant pour faire ressortir la différence d'aspect qu'offrent la végétation, les mœurs, les usages, le type physique chez ces deux peuples si voisins, les Abyssins et les Nubiens. Le simple aspect d'une hutte de ces derniers, suffit à en donner l'idée.

C'est, en effet, dans le golfe formé entre l'île Duhalac et la côte, que se trouve sur une île de bien moins d'étendue que celle-ci, une très mauvaise forteresse, commandant un très bon port, et une fort vilaine ville dont l'ensemble constitue Massouah. Tous les voyageurs s'accordent à en faire le plus triste portrait.

« Pauvre ville! s'écrie un de ses derniers visiteurs français. Ramassis informe de masures en torchis et en pierres madréporiques, de huttes de paille et de tas de poussière ou d'ordures; puis le rocher nu, sans eau ni verdure nulle part. Çà et là quelques édifices un peu plus considérables, tels que les mosquées, le konak du gouverneur; une dizaine de maisons appartenant à des fonctionnaires turcs ou aux agents consulaires de France et d'Angleterre.... Voilà Massouah!

» Bâtie, il y a quatre à cinq siècles, par les Arabes, sur un îlot nu, à quelques encâblures du rivage comme tous leurs postes militaires (1), Massouah était, il y a quelques années encore, complètement séparée du continent; mais depuis l'occupation égyptienne, une digue la relie à la terre ferme.

» Depuis la même époque, et sans toutefois que l'aspect général de la ville se soit sensiblement modifié, des constructions publiques, casernes, magasins, ont été élevés par les soins de l'Etat; un certain nombre de négociants européens, notamment des Grecs et deux ou trois Français de Marseille et d'Alexandrie, en s'y établissant, s'y sont créé des demeures plus confortables. »

Mais il y a vingt ans, et surtout lorsque, il y a plus d'un siècle,

(1) Comme par exemple *Souakim* dont nous avons parlé, sur la même côte, *Zanzibar* beaucoup plus au sud dans l'Océan indien.

Bruce y séjourna à deux reprises, c'était une des plus misérables bourgades qu'on puisse imaginer.

Et cependant, dans sa décadence, la vieille cité arabe, conservant la tradition de sa splendeur passée, affectait une importance à laquelle

HUTTES NUBIENNES

ne répondaient plus ni sa population, ni ses ressources, ni son commerce.

Massouah, dont le nom signifie le *Havre des porteurs,* lorsqu'elle tomba, en même temps que l'Arabie Heureuse, située sur la côte opposée, aux mains des Turcs, était une des villes les plus florissantes de la côte d'Afrique.

Elle partageait le commerce de l'Inde avec les autres ports de la mer Rouge, voisins du détroit de Bab-el-Mandeb. Une immense quantité de marchandises précieuses, sortant des montagnes du Tigré, venait sans cesse remplir ses entrepôts, où les trafiquants de tous les pays étaient sûrs de trouver en tout temps de l'or, de l'ivoire, des perles d'une très belle eau, des peaux de buffles, des éléphants et surtout des esclaves.

L'abondance de ces richesses ainsi que la commodité et la sûreté de la rade faisant passer par-dessus le défaut, capital cependant, du manque d'eau douce, Massouah continua à être très fréquenté aussi longtemps que la navigation et le commerce furent florissants dans la mer Rouge.

Mais lorsque l'oppression des Turcs acheva d'anéantir ce commerce, auquel la découverte du passage aux Indes par le Cap de Bonne-Espérance avait déjà porté un coup funeste, la ville et le port tombèrent dans un tel état de décadence et d'oubli, que bientôt les Turcs estimèrent que l'entretien du poste militaire qu'ils y avaient établi n'était justifié que par l'espoir qu'ils avaient de faire de Massouah le point de départ de la conquête de l'Abyssinie.

On verra dans la suite de ce récit comment, grâce à la vaillance des négus et de leurs sujets, plus encore peut-être que par suite des difficultés d'accès qu'offre le plateau abyssin, cet espoir fut déçu.

Dès lors le gouvernement turc céda au chef d'une tribu mahométane, qui lui avait rendu des services réels, le gouvernement de Massouah. Ce chef prit le titre de *Naïb* et devint bientôt le véritable et seul souverain de l'île, bien que pour la forme il payât un tribu annuel au sultan.

La population actuelle de Massouah est évaluée à environ 2,000 âmes; la langue qui y est en usage est un mélange d'arabe et d'abyssin.

Une ville plus importante s'élève au fond de la baie de Massouah; c'est *Arkiko*, qui doit son importance à l'avantage qu'elle possède d'avoir d'excellente eau.

C'est du reste, au point de vue des produits du sol, la seule richesse dont elle puisse tirer profit. La vaste plaine qui l'entoure et qu'on appelle le désert de Samhar est absolument sans culture; il n'est même habité et habitable que de novembre en avril, époque où les tribus nomades y viennent, de l'autre côté des montagnes, conduire leurs troupeaux.

Arkiko, qui compte 400 maisons, les unes construites en argile, les autres faites d'herbes entrelacées, est la résidence préférée du naïb, surtout depuis que, s'étant déclaré indépendant de la Porte, il s'est placé sous la protection des négus.

Un peu au delà d'Arkiko, et sur l'emplacement de l'antique port d'*Adulis* ou *Adoulis*, s'élève la ville actuelle de *Zulla* (1), dont les environs possèdent des ruines curieuses.

Sur cette côte basse, sablonneuse et brûlante du Samhar ou Samhara, on voit, ainsi que nous le disions tout à l'heure, errer, pendant une période annuelle de quatre à cinq mois, diverses tribus nomades : ce sont les *Schilos*, très noirs de peau, et les *Hazortas*, de petite taille et au teint cuivré. Les premiers sont peu connus ; les seconds, qui peuvent mettre sur pied 3,000 guerriers, obéissent à six chefs dont le principal réside à Zulla.

Comme les anciens Troglodytes, ces peuples habitent les creux des rochers ou des huttes faites en joncs et en algues. Pasteurs, ils changent de demeures selon que les pluies font éclore un peu de verdure sur ce sol brûlé, car lorsque la saison pluvieuse cesse dans la plaine, elle commence dans les montagnes.

(1) M. Huot fait remarquer que plusieurs auteurs pensent qu'il y eut deux villes antiques d'*Adulis*, lesquelles, situées à deux lieues de distance l'une de l'autre, seraient Arkiko et Zulla. Cette opinion semble justifiée par plusieurs découvertes archéologiques fort importantes. « C'est, en effet, à Arkiko qu'a été trouvée la célèbre inscription connue sous le nom de *monument d'Adulis*, lequel consiste en deux morceaux de basalte qui paraissent avoir fait partie d'un trône, et qui portent une inscription contenant, outre la généalogie de Ptolémée Evergète, une liste de noms de peuples soumis par un autre prince, dont le nom est inconnu et qui fit ériger ce monument. Les auteurs qui ont, non saus de fortes raisons, admis son authenticité, en font remonter l'exécution vers le milieu du premier siècle avant l'ère chrétienne, tandis que celui d'Axum date seulement de l'an 39 avant Jésus-Christ. Cette ville d'Adulis, qui fut si florissante, paraît avoir dû son nom et son origine à une colonie d'esclaves. »

Les *Danakil*, au sud des Schilos, forment aussi plusieurs tribus, dont la plus puissante, appelée *Dumhveta* et qui peut mettre 1,000 hommes sous les armes, possède le village de *Douroro* et celui d'*Ayth*. Tous les hommes en état de faire la guerre pourraient s'élever à 6,000 ; mais ils sont tellement pauvres qu'ils ne peuvent se procurer les armes qui leur seraient nécessaires. Ils parlent tous la même langue, et professent l'islamisme bien qu'ils n'aient ni prêtres, ni mosquées. Ils ont le teint noir et les cheveux crépus. La forme pyramidale qu'affectent leurs tombeaux, donne lieu de croire que ce sont les restes d'un des anciens peuples qui faisaient jadis partie de l'empire de Méroé.

Toute la côte depuis Massouah porte le nom de *Dankali* et formait autrefois un des royaumes de l'Abyssinie.

Le gouvernement de cette côte, nommé dans les anciennes relations le territoire des *Bahar-Nagash*, c'est-à-dire *rois de la mer*, s'étendait autrefois depuis Souakim jusqu'au delà du détroit de Bab-el-Mandeb. *Dobarva* ou *Barva*, son ancienne capitale, passe pour être la clef de l'Abyssinie du côté de la mer. C'était du temps des Portugais une grande et riche place de commerce.

Les autres établissements de la côte sont sans importance, et rien ne nous empêche plus de nous diriger vers le plateau éthiopien.

La chaîne du *Lamalman*, dominée par un plateau fertile, borne l'entrée du pays du côté du golfe Arabique; celle du *Godjam*, où l'on jouit d'une température très douce, renferme les sources du *Bahr-el-Azrak* ou *Nil Bleu;* celle du *Tchakka* se dirige vers le golfe d'Aden.

Le nombre et le cours des rivières qui arrosent ce pays ne laissent pas de doute sur l'élévation du sol.

En commençant à l'ouest, le *Bahr-el-Azrak* ou Nil Bleu (l'*Astapus* des anciens), qui n'a pas moins de 340 à 350 kilomètres; le *Dender*, que Bruce a supposé à tort se réunir au *Rahad* et qui a plus de 400 kilomètres de longueur; le *Teczé* ou *Tacazzé*, dont le nom signifie fleuve et, qui après avoir reçu un grand nombre d'affluents, forme l'*Atbarah* ou l'*Astaboras* des anciens, contribuent tous à grossir le grand Nil.

On ignore encore s'il est vrai que le *Mareb* se perd dans les sables entre l'île de Méroé et le golfe Arabique, mais il est certain que, dans un sens opposé, le *Hanazo* et le *Hanouach* voient leurs eaux disparaître dans les sables avant d'avoir atteint la mer d'Arabie.

RUINES ABYSSINES

Le *Zébée*, qui coule peut-être vers les côtes de Zanguebar, se perd, selon certains voyageurs, dans les sables du plateau méridional de l'Arabie et, au contraire, forme, selon d'autres, le cours supérieur du *Quillimancy*.

Le *Bahr-el-Azrak* mérite que nous nous arrêtions quelques instants à le considérer.

Trois sources abondantes, situées à 3,000 mètres au-dessus du niveau de l'Océan, lui donnent naissance. Après avoir traversé une vallée circulaire formée par une triple chaîne de montagnes, il devient un torrent tumultueux, forme deux belles cascades, et à 140 kilomètres de sa source tombe dans le lac *Tzana* dont il sort, en formant la chute d'*Alata*, qui a près de 14 mètres de hauteur.

A peu de distance du point où il prend naissance, cet important et célèbre cours d'eau est appelé par les indigènes *Abouy* ou *le père*, et, en effet, il féconde les terres qu'il arrose.

Son cours est tellement sinueux qu'après avoir parcouru un espace de vingt-neuf jours de marche, il n'est encore, en ligne directe, qu'à quelques lieues de sa source.

En traversant le pays des Shangallas pour arriver sur le sol de la Nubie, il se précipite en trois sauts dont un a plus de 92 mètres de hauteur.

Le lac de *Dembea*, ainsi appelé parce qu'il se trouve dans la province de ce nom, mais plus connu sous celui de lac *Tzana* que nous lui donnions tout à l'heure, ou encore de *Bahr-Ssana* par rapport à l'île de Ssana qui y est située, occupe le centre d'un immense entonnoir creusé par la nature dans ce sol si profondément bouleversé, qu'on dirait que le cataclysme qui l'a déchiré date d'hier.

Une multitude de ruisseaux et de rivières s'y précipitent de tous les côtés et y forment un nombre considérable d'îles, la plupart habitées par des moines. La plus grande est celle de *Ssana*, et la plus importante, par suite de sa destination, celle de *Daga* où s'élève une prison d'Etat.

La longueur de ce lac est de 100 kilomètres, sa largeur de 40 à 50, et sa circonférence d'environ 290. Toutefois, il change assez considérablement d'étendue selon les saisons pour que les dimensions que nous venons de donner ne soient considérées que comme un maximum.

Le sol qui l'entoure est aussi grandiose que pittoresque; les divers animaux qui habitent les environs viennent s'y désaltérer et s'y baigner, et de nombreux hippopotames y ont élu domicile, mais on n'y rencontre pas de crocodiles.

Près de ses bords croît une espèce de balsamier qui donne la myrrhe, le plus précieux des parfums.

Si nous passons au climat du pays qui nous occupe, nous nous trouvons en présence de phénomènes non moins singuliers que ceux que nous ont offerts les déchirures du sol et les bords impétueux des rivières, la chaleur atmosphérique y est, à en juger par les sensations qu'éprouve le corps humain, beaucoup moindre que ne l'indique le thermomètre.

Dans certaines provinces mêmes, la température est beaucoup plus supportable qu'en Portugal et en Espagne.

Mais, descend-on dans les basses vallées, on éprouve les effets réunis d'une chaleur suffocante et des exhalaisons paludéennes, avec leur cortège obligé de fièvres meurtrières, d'éléphantiasis et d'ophtalmies.

Ces effets sont dus à l'action des rivières et des pluies qui, jointes à l'élévation du sol, rendent le climat de l'Abyssinie généralement moins chaud que celui de la Nubie et de l'Egypte.

L'hiver commence en juin et dure jusqu'en septembre. Pendant cette période, la pluie, souvent accompagnée de tonnerres et d'épouvantables ouragans, ne permet aux habitants de se livrer à aucun travail extérieur, et oblige même à suspendre les opérations militaires. C'est un temps d'armistice forcé.

Les autres mois de l'année ne sont pas, comme en beaucoup de pays chauds, entièrement exempts de pluie et de coups de vent. Les deux plus beaux sont décembre et janvier.

Comme si tout devait être matière à surprise dans cette singulière région, non seulement la disposition presque exclusivement montagneuse du pays — surtout à l'intérieur, — y produit des variations notables de température, mais il arrive que, dans la partie orientale, c'est-à-dire sur les bords de la mer Rouge, entre le rivage et les montagnes, la saison des pluies commence lorsqu'elle est déjà terminée dans l'intérieur, de sorte que, en franchissant une très faible distance, on passe soudain de l'hiver à l'été, ou réciproquement.

Quelques géographes prétendent que l'Abyssinie renferme de nombreuses et abondantes mines de toute espèce de métaux et notamment de fer et de cuivre; la configuration du pays et l'aspect des montagnes donnent à penser qu'ils ont raison; toutefois, à l'exception d'un ou deux d'entre eux, les voyageurs, tant anciens que modernes, n'en parlent pas.

Ils se bornent à mentionner la production de l'or, fournie par les mines peu profondes de l'Enarya et les lavages du Damote. Cet or est extrêmement pur.

A ces deux provenances très anciennement connues, Bruce ajoute celles qui, dans les provinces occidentales, se trouvent au pied des montagnes de *Dyre* et de *Tègla;* c'est de là, dit-il, que vient l'or le plus fin.

Au pied des montagnes orientales, ce n'est point de l'or que le commerce va chercher; c'est un produit de bien plus mince valeur, sans doute, mais non moins précieux et plus utile.

Nous voulons parler des quantités immenses de sel gemme dont sont couvertes, dans ces contrées, des plaines entières, et dont certains morceaux atteignent la longueur d'*une palme*.

Quand le soleil brille sur ces vastes étendues ainsi semées de cristaux étincelants, l'œil ébloui est obligé de se détourner de cette mer de diamants, et l'imagination se prend à rêver de quelques-uns des sites féeriques si complaisamment décrits dans les *Mille et une Nuits*.

La constitution géognostique de l'Abyssinie a été très peu étudiée; cependant on sait que dans les hautes montagnes dominent les gneiss, les granites, sur lesquels s'appuient les phyllates, la syénite, le porphyre, et en général toute la série des terrains de cristallisation ou primitifs.

« A cette série succèdent les terrains de sédiment les plus inférieurs : ainsi des schistes et des calcaires saccharoïdes, entremêlés de

VÉGÉTATION ABYSSINE

couches de serpentine et de strates fortement inclinées, reposent sur les roches granitiques ; enfin des grès, qui appartiennent peut-être à la formation houillère (1), des calcaires, des gypses et des marnes qui dépendent des dépôts salifères, paraissent s'étendre en couches horizontales sur toutes les autres formations.

» Quant au règne végétal, on conçoit que dans un pays montagneux, humide, éclairé d'un soleil vertical, la nature déploie une magnificence que les botanistes regrettent de ne pouvoir aller contempler.

» Sur ce point, malheureusement, Bruce a trompé l'espoir des savants ; il donne très peu de renseignements vraiment nouveaux.

» Les arbres d'Abyssinie qu'on a décrits jusqu'ici, quoique ce ne soient vraisemblablement pas les principaux, sont le figuier-sycomore, l'érythrina-corallodendron, le tamarinier, le dattier, le cafier, un grand arbre dont on se sert pour la construction des bateaux, et que Bruce appelle *rak*, deux espèces de mimosas gommifères.

» Sur quelques montagnes arides, on trouve l'euphorbe arborescente, et, dans les parties moyennes, croissent le câprier, le figuier et diverses espèces d'acacias. Dans quelques vallées, le citronnier et le limonier forment des bois naturels. »

Un arbuste, appelé dans le pays *wouginous* et qui est le *Brucea-anti-dyssentérica* de nos botanistes, appartient à la famille des térébinthacées ; c'est avec justice qu'on l'a dédié au célèbre voyageur anglais, puisque c'est lui qui en a fait connaître les caractères. L'écorce de cet arbrisseau est répandue dans le commerce, sous le nom de *fausse angusture ;* elle se vend en plaques ou tubes dont la surface extérieure est rugueuse, mélangée de gris et d'orangé, et l'intérieur lisse et de couleur fauve.

Ses propriétés médicinales et son amertume insupportable sont dues à une substance particulière que la chimie appelle *brucine*.

L'espèce de sébestier, appelé *wanza* par les Abyssins, est un des

(1) Cette appréciation paraît justifiée par la découverte de mines de houille sur les confins du Tigré, découverte qui a donné et qui donne actuellement lieu à des essais d'exploitation dont un avenir prochain démontrera probablement l'opportunité.

arbres les plus communs en Abyssinie, où il fait l'ornement de toutes les villes. Après la saison des pluies, une seule nuit suffit pour que cet arbre se couvre de fleurs d'une blancheur éclatante ; lorsque sa fleur tombe, la terre semble couverte de neige.

L'un des arbres les plus beaux et les plus utiles de la région qui nous occupe, est le *casso* ou *cousso*, dont les fleurs infusées donnent une tisane que les Abyssins estiment être un des meilleurs spécifiques contre la maladie des vers, une des plus terribles maladies du pays, à laquelle sont sujets les habitants des deux sexes.

Bruce parle d'un autre arbre qui croît surtout sur les bords du Tacazzé; la description qu'il en donne mérite d'être citée.

« Les rives du Tacazzé, dit-il, sont couvertes de tamarins, qui croissent jusqu'au bord de l'eau. Derrière ces arbres de moyenne grandeur, des arbres superbes portent leur tête jusque dans les nues et semblent avoir acquis d'autant plus de vigueur qu'ils ont plus souvent résisté aux ravages du fleuve.

» Peu de ces arbres se dépouillent de leurs feuilles; ils ont presque tous des fleurs, des fruits et du feuillage d'un bout à l'autre de l'année.

» Parmi ceux qui perdent leurs feuilles, on distingue le *bohahab* ou *dooma*. C'est l'arbre le plus grand de toute l'Abyssinie ; le tronc n'en est pourtant jamais fort haut. Il vient en diminuant depuis le faîte jusqu'au pied, de manière à représenter un cône renversé ; bien que cet amincissement s'opère d'une façon à peu près régulière, l'effet n'en est pas heureux; on dirait un grand canon posé debout sur son côté le plus mince. Les branches du bohahab sont très fortes et très nombreuses ; elles forment avec le tronc un angle un peu moins ouvert que par les quarante-cinq degrés.

» Le fruit a la forme d'un melon allongé ; il est divisé en petites cellules remplies de graines noires qu'enveloppe une substance blanche assez semblable à du sucre fin, et d'une saveur à la fois douce et agréablement acidulée.

» Je n'ai jamais vu, continue Bruce, cet arbre, ni en fleurs, ni en feuilles ; il est déjà dépouillé de ces dernières, quand le fruit pend à ses branches.

» Le bois du bohahab, mou, spongieux, ne peut être d'aucune utilité. Les abeilles sauvages en percent le tronc pour y déposer leur miel, et ce miel est préféré à tout autre par les Abyssins. »

L'arbre ainsi décrit par Bruce, n'est autre que le *baobab*, aujourd'hui parfaitement connu en Europe, et que M. Denis de Rivoyre, qui l'a observé en Abyssinie, nous montre, d'accord avec le célèbre voyageur anglais, comme le *géant* de la végétation africaine.

La description qu'il en donne diffère peu de celle de Bruce ; il y ajoute seulement quelques détails intéressants.

« Les indigènes, dit-il, l'appellent l'*arbre à pain*. Son feuillage, analogue à celui de nos noyers, est peu touffu ; il doit son nom d'arbre à pain à la substance qui enveloppe les pépins juteux du fruit, laquelle est assez farineuse pour être pétrie et transformée en pain. Quant aux pépins, macérés dans de l'eau pure, ils produisent une boisson d'un goût légèrement acidulé qui n'est point désagréable.... »

L'ensemble de la végétation abyssine a fourni au même savant voyageur (1), un tableau trop complet et trop intéressant, pour que nous résistions au désir de le reproduire, tel que *de visu* il a été tracé.

« Au point de vue des productions agricoles, quelle fécondité ! quelle terre généreuse ! L'ensemble du plateau éthiopien comprend environ de quatre à cinq millions d'habitants. Vingt-cinq à trente jours d'un travail manuel suffiraient pour y semer et recueillir les récoltes capables de nourrir une population cinq fois plus forte.

» Dans les conditions ordinaires de l'existence, le froment, l'orge, le tef, le dourah, y mûrissent avec une incroyable rapidité et y constituent la base essentielle de l'alimentation publique. Le froment est dévolu aux riches et se cultive par conséquent en moins grande quantité.

» A côté de ces céréales, tous les légumes des contrées tempérées y croissent sans peine; tous les arbres fruitiers de nos pays y prospèrent.

(1) *Mer Rouge et Abyssinie*, par M. Denis de Rivoyre. Paris, E. Plon et Cie.

La vigne, notamment, y atteint des proportions considérables, et naguère le Tigré, entre autres, était couvert de florissants vignobles, lorsqu'un ordre de Théodoros obligea tous les paysans à en arracher les plants, sous le fantasque prétexte que le vin étant une boisson royale, réservée seulement à ses lèvres augustes, il interdisait à tout Abyssin d'en fabriquer ou de cueillir les raisins dont on pouvait l'obtenir.

» Le *tedj* le remplace, sorte d'hydromel dont la fermentation s'obtient par le mélange de l'écorce d'un arbrisseau, propre à l'Abyssinie, avec des rayons de miel, baignés dans une eau pure. Il est d'un usage général et partage avec le *bousac*, une bière grossière tirée de l'orge (1), la faveur des buveurs éthiopiens.

» Aussi tout le plateau est-il couvert de ruches bourdonnantes....

» Puis derrière ces végétaux qui nous sont familiers, dans les vallées ou dans les plaines, surgissent du sol, sans autre travail, sans autre soin que la peine d'en récolter les graines ou d'en couper les tiges, le cafier, le cotonnier et la canne à sucre.

» C'est du royaume de Kaffa, situé au sud de l'Ethiopie, que le café, comme l'indique l'étymologie de son nom, est originaire. Les baies mûres du précieux arbuste, dédaignées de l'indigène, jonchent la terre.

» Ce furent des marchands musulmans qui, ayant pénétré jusque-là au péril de leur vie, en rapportèrent, à travers tous les obstacles d'un parcours de plusieurs centaines de lieues, les premiers échantillons vendus à Massouah. Depuis, on est parvenu à établir avec ces régions reculées des relations suffisamment suivies pour que chaque année, d'énormes masses en arrivent à la côte. Là, les bateaux arabes le chargent et le portent à Moka, d'où, mélangé avec ce qu'en produit l'Arabie, il est expédié, sous la dénomination de ce dernier entrepôt, par milliers de ballots dans l'univers entier.

» Cette indifférence peu éclairée pour les produits de son sol ne se borne pas là chez l'Ethiopien. L'indigo, la salsepareille, le quin-

(1) Encore cette bière, d'après M. Russel, serait-elle mélangée d'hydromel.

CAFIER

quina et nombre d'autres plantes du même genre poussent au gré du hasard, sans qu'on ait jamais songé à se demander quelle pouvait en être l'utilité, et surtout sans qu'aucune main se soit baissée pour les cueillir....

» Le cotonnier donne spontanément la quantité de textile suffisante à la consommation du pays, rien de plus; de la canne à sucre s'extrait hâtivement une cassonade succincte, dont les riches font leurs délices; mais jamais l'initiative d'un travailleur plus entreprenant que les autres ne s'est tournée du côté de ces végétaux pour leur demander davantage, en se livrant à un labeur dont pas un débouché rémunérateur ne lui offrirait d'ailleurs la récompense légitime.

» Et ce n'est pas seulement aux plantes désignées dans nos langues européennes sous un nom connu, que se bornent les productions de ce sol favorisé. Parmi beaucoup d'autres, nous citerons l'*endod*, broussailles à peine dignes d'attirer le regard et dont les grains, jetés dans l'eau, engendrent une fermentation active, d'où s'échappe une mousse délicate et blanche, comme celle de nos savons les plus fins. Les Abyssins s'en servent pour donner à leurs vêtements l'éclat éblouissant qui distingue ceux des prêtres et des grands.

» Plus loin, voici de nouvelles plantes encore plus difficiles à nommer qu'à décrire, qui toutes sont douées de qualités propres, soit pour les remèdes employés par les médecins et les empiriques du pays; soit pour les couleurs de la fresque naïve dont le peintre indigène revêt les murailles des demeures élégantes ou des églises; soit enfin pour la teinture ou le tissage des étoffes, ou pour l'apprêt des cuirs que la main de plus d'un ouvrier habile façonne avec un art surprenant.

» Ajoutons qu'il se fait habituellement deux récoltes de céréales; l'une pendant la saison des pluies, dans les mois d'août ou septembre, et l'autre au printemps. Dans quelques localités, on fait jusqu'à trois récoltes. Comme en Egypte, on fait fouler les grains par les bestiaux (1). »

(1) Cet usage, qui semble avoir été le mode primitif du battage des grains, est en vigueur dans un assez grand nombre de pays; nous l'avons vu employer dans les montagnes du midi de la France et notamment dans la Lozère.

Dans le tableau qui précède, M. de Rivoyre omet de mentionner une production très précieuse et qui offre toujours un vif intérêt; nous voulons parler du papyrus, qu'on trouve en aussi grande abondance et d'aussi excellente qualité dans les terres marécageuses de l'Abyssinie que dans celles de l'Egypte.

Le règne animal n'offre ni moins de variété, ni moins d'abondance que le règne végétal.

Le bétail est très nombreux ; d'une petite taille et portant sur le dos une bosse qui le rapproche du zèbre, le bœuf abyssin a les cornes d'une longueur, dont aucune des espèces connues en Europe ne saurait donner une idée. Il n'est pas rare, affirment les voyageurs, de rencontrer tel de ces animaux dont les cornes mesurent un mètre trente centimètres.

Les abondantes pluies de l'été donnent tant d'activité à la végétation des prairies, qu'elles offrent pendant les plus grandes chaleurs une abondante pâture aux troupeaux.

D'ailleurs un pâturage vient-il à s'épuiser, comme tous les autres peuples pasteurs de l'Afrique, les Abyssins ne s'en inquiètent pas : ils abandonnent non seulement le parc qu'ils avaient simplement entouré d'une palissade d'arbustes épineux, mais les huttes construites dans ce parc, et vont dans un site qui n'a point encore été brouté, établir une installation du même genre.

Les chameaux, à la conformation desquels conviennent les déserts sablonneux et les immenses plaines, ne sauraient être utilisés ici ; ils y sont remplacés par les ânes, les mulets et, comme monture de guerre et de luxe, par les chevaux.

Ces derniers, petits, mais admirablement faits et pleins de feu, ont toutes les qualités de la race arabe, à laquelle ils appartiennent.

A l'état sauvage vivent des buffles doués d'une force et d'un courage qui en font, pour l'homme lui-même, de redoutables adversaires.

Les sangliers y sont nombreux et ont leurs défenses si développées qu'on peut presque les comparer à celles de l'éléphant.

Mais un des hôtes les plus curieux du plateau abyssin est le rhinocéros bicorne, qu'on y voit errer en troupeaux innombrables et qui diffère essentiellement du rhinocéros unicorne d'Asie.

Les lions, les panthères et tous les autres animaux du genre *félin*, dont l'Afrique est la vraie patrie, vivent en plus ou moins grand nombre dans toutes les parties de l'Abyssinie, et sont partout remarquables par leur force et leur audace.

RHINOCÉROS BICORNE

Les hyènes, qui y sont fort nombreuses, poussent la hardiesse jusqu'à parcourir, pendant la nuit, les rues de la capitale. Il est vrai que, par suite d'un préjugé superstitieux, les Abyssins évitent soigneusement de faire aucun mal à ces animaux ; ils n'en tuent aucun qu'en cas de légitime défense, et, comme la hyène ne s'attaque qu'à des corps morts et, à défaut de ceux-ci, se nourrit de toute espèce de substances animales, l'occasion de les tuer ne se présente pas souvent.

Ce respect pour la vie d'un fauve aussi insupportable, respect que partageaient les Cafres, ainsi que plusieurs autres nations africaines, tient à une antique et singulière croyance d'après laquelle des hommes nommés *Falasjans*, qu'un pouvoir magique retient confinés tout le jour dans les retraites les plus inaccessibles des montagnes', en descendent chaque nuit pour venir dans les lieux habités, sous la forme de la hyène, dévorer les cadavres d'animaux et autres détritus rebutants, qu'il est d'usage, soit par incurie, soit peut-être en vue de leur ménager leur nourriture, de jeter près des habitations.

La hyène est ainsi transformée en animal utile : elle débarrasse les villes et surtout les villages des matières en putréfaction qui y engendreraient la peste, et remplace les règlements et les agents de salubrité publique, dont l'existence n'est même pas soupçonnée en Abyssinie.

L'éléphant et la girafe se rencontrent dans plusieurs des provinces éthiopiennes.

L'éléphant, que nous sommes accoutumés à considérer comme le plus docile des animaux, le plus facile à dresser et que les Asiatiques ont transformé en animal domestique et presque en machine de guerre, a ici un tout autre caractère. Il se montre le plus terrible, en même temps que le plus fort, des hôtes redoutables du plateau abyssin. Seul peut-être parmi ceux-ci, il attaque l'homme de front, en plein jour ; aussi les indigènes ont-ils grand soin de se garer de son passage, ce qui est relativement facile, par suite du bruit qu'il fait en marchant et qui annonce son approche. De plus, le peu de portée de sa vue permet de se dérober par la fuite à son attention.

Le zèbre existe, paraît-il, dans les montagnes méridionales de l'Abyssinie ; mais, comme l'éléphant de ces mêmes contrées, il est farouche et indomptable.

Les gazelles, les antilopes, les singes et les babouins parcourent en troupes innombrables les champs, où ils font grand tort

ÉLÉPHANT DÉPECÉ PAR DES VAUTOURS

aux moissons; aussi leur fait-on dans les cantons habités une guerre à outrance.

L'*achkoko* de Bruce ou le *gîhé* des Abyssins est le *daman* (l'*hyrax capensis* de Buffon), animal de la taille à peu près du lièvre, dont le poil d'un gris brun est long et soyeux, et qui, par ses caractères anatomiques, forme un genre intermédiaire entre le rhinocéros et le tapir.

Le lièvre, réputé animal immonde, pullule dans les plaines et sur les plateaux.

Les reptiles sont ici, comme dans tous les pays placés sous les tropiques, nombreux et remarquables; le genre serpent surtout y offre des espèces particulières et très grosses.

Les lacs et les rivières fourmillent d'hippopotames et de crocodiles. Parmi les poissons qui sont généralement d'excellente qualité, comme tous ceux du reste qui habitent des eaux vives et rapides, on cite une espèce de torpille ou gymnote qui fait éprouver à celui qui la touche une très violente commotion électrique. Cette propriété, que les indigènes ne s'expliquent pas, a fait du paisible habitant des eaux qui la possède un objet de crainte superstitieuse pour les indigènes qui le croient revêtu d'une puissance surnaturelle.

Mais, s'il est dans le règne animal, tel qu'il se présente en Abyssinie aux regards du voyageur, quelque chose de vraiment digne d'admiration, c'est la quantité innombrable et l'étonnante variété des oiseaux qui, semblables à des fleurs animées, déploient aux brillants rayons du soleil une magnificence de plumage, dont il est impossible de se faire une juste idée. Qu'on se figure tantôt un ruissellement d'or et de pierreries; tantôt le chatoiement doux et velouté de la plus riche étoffe; tantôt encore le contraste des nuances les plus opposées, qui, en se heurtant, si l'on peut ainsi parler, semblent faire jaillir des étincelles; tantôt au contraire un ensemble harmonieux de couleurs, une dégradation savamment combinée de tons sur lesquels l'œil charmé se repose avec complaisance.

Parmi ces oiseaux, il en est de toutes les tailles et de toutes les espèces; mais un même caractère leur est commun à tous. Comme si le soin de leur parure avait absorbé toute sa sollicitude, la nature a oublié de leur départir un don qu'elle a prodigué à la plupart de leurs congénères des climats tempérés : aucun oiseau chanteur n'existe parmi eux. Leur gosier ne laisse échapper que des piaillements d'ordinaire fort monotones et, pour certaines espèces, fort désagréables à entendre.

Sous ce rapport, la flore africaine est beaucoup mieux partagée : à l'éclat des couleurs, les fleurs joignent, en effet, dans ces régions privilégiées, un parfum auquel ne saurait être comparé celui des fleurs de même espèce en Europe; ce qui a fait dire à un savant auteur que « l'Abyssinie tout entière respire les parfums qu'exhalent les roses, les jasmins, les lis et les œillets dont ses champs sont couverts. »

Mais revenons aux habitants de l'air; en outre des espèces particulières à la zone torride dont nous venons de parler, espèces dont l'*oiseau de Paradis* d'une part et le *perroquet* d'autre part sont les types les plus remarquables, l'Abyssinie possède un certain nombre des espèces que nous avons en Europe et qui font partie de ce qu'on appelle le gibier à plumes : la perdrix, le pigeon, la pintade, la tourterelle, l'alouette, etc...; seules, les espèces aquatiques sont fort rares.

Les sommets des montagnes les plus escarpées sont peuplés d'aigles appartenant aux plus belles espèces, et les vautours s'abattent dans la plaine, si nombreux, si voraces et si hardis, qu'ils ne craignent pas de s'attaquer aux hommes eux-mêmes, ainsi que le rapporte un voyageur contemporain qui, un jour, assailli par une troupe de ces oiseaux carnassiers et après avoir tiré sur eux les deux coups de son fusil, eut grand'peine à écarter à coups de crosse ceux qui le poursuivaient, et à regagner sain et sauf son campement, heureusement fort peu éloigné.

Parmi les insectes, les plus désastreux tant pour les récoltes que pour

OISEAU DE PARADIS

les populations, sont les sauterelles, dont les nuées, justifiant les assertions de la Bible, obscurcissent parfois l'air et, en passant, dévorent, véritable fléau, les herbages et les moissons, rongent le feuillage des arbres ; en un mot, laissent derrière elles, nues et désolées, les régions qu'elles avaient trouvées verdoyantes, fleuries et pleines de promesses pour l'habitant. La plupart des famines qui déciment si souvent les populations abyssines n'ont pas d'autres causes.

Divisions géographiques.

L'Abyssinie était autrefois divisée en trois Etats distincts et indépendants les uns des autres, bien que soumis tous les trois au gouvernement du même souverain.

Ces Etats étaient le *Tigré*, l'*Amhara* et les deux provinces réunies d'*Elfat* et de *Choa*.

Aujourd'hui l'empire des négus est partagé en cinq provinces ou *ras*, gouvernées par des chefs, dont les privilèges et le pouvoir rappellent ce qu'en France et au moyen âge on appelait les grands vassaux de la couronne.

L'unique souci de ces chefs n'est autre que de secouer l'autorité du souverain. De là les rébellions et les guerres incessantes qui désolent ce malheureux pays.

Les résidences de ces chefs sont *Aksoum, Begemder, Goïoum, Gondar* et *Seaman*. Par suite des révoltes et des luttes dont nous venons de parler, cette division semblant n'avoir rien d'assez stable pour qu'il soit permis de la considérer comme définitive, nous demandons à nos lecteurs la permission de conserver, pour nous servir dans nos descriptions, l'ancienne division on trois parties, à laquelle d'ailleurs se rapportent l'histoire et les traditions du pays, et qui, par suite, sera probablement adoptée par le prince qui, dominant enfin ses rivaux, rétablira dans son unité l'antique monarchie des négus.

L'ancien royaume de *Tigré,* qui forme la partie la plus au nord-est de l'Abyssinie, est une province très peuplée à laquelle on donne 400 kilomètres de longueur sur 360 de largeur. En partie couverte de hautes montagnes entre lesquelles se déroulent de riches vallées, le Tigré se divise en onze arrondissements dont nous allons décrire les principaux chefs-lieux.

Sa capitale est *Axoum* ou *Aksoum*, éloignée de 170 kilomètres environ des bords de la mer Rouge. Ancienne résidence des monarques abyssins, qui ont conservé l'usage de s'y faire couronner, cette ville est pour les savants modernes, l'objet de discussions incessantes. A quelle époque et à qui en doit-on faire remonter la fondation? telle est la question qui, bien des fois posée, n'a pas encore été résolue.

Inconnue à Hérodote et à Strabon, elle est nommée pour la première fois par Arrien, dans son périple de la mer Erythréenne, qui la présente comme étant alors (1) le siège d'un important commerce d'ivoire.

Son état florissant, ajoute Malte-Brun, dans les IVe, Ve et VIe siècles, est attesté par les descriptions qu'en ont faites les historiens et les géographes de ce temps.

Les voyageurs portugais y ont trouvé des ruines magnifiques, restes de temples et de palais, des obélisques sans hiéroglyphes, parmi lesquels ils en signalent un de plus de vingt mètres de hauteur, fait d'un seul bloc de granit, des figures mutilées de lions, d'ours et de chiens; enfin des inscriptions en caractères grecs et latins.

Bruce, qui a visité ces ruines et qui, pendant son long séjour en Abyssinie, a pu recueillir des documents suffisants pour asseoir son opinion sur cette ville, s'exprime ainsi à son sujet :

(1) Au IIe siècle après Jésus-Christ.

« Axoum (1) fut, selon moi, la superbe métropole de ces Troglodytes éthiopiens, appelés avec plus de raison Cushites, et non une ville abyssine proprement dite, parce que les Abyssins ne bâtissaient point anciennement de cités, ainsi qu'en témoigne l'absence de toutes ruines remarquables dans l'intérieur du pays ; tandis que les négus, les Troglodytes, que l'Ecriture sainte désigne sous le nom de *Cushs*, étaient, au contraire, dans l'usage d'élever partout où ils s'établissaient, des édifices très vastes, très magnifiques et très coûteux. A *Azab*, par exemple, les monuments dus à ce peuple semblent avoir été dignes des richesses et de la grandeur d'un pays qui fut, dès les premiers âges du monde, le centre du commerce de l'Inde et de l'Afrique, et dont, quoique païenne, la souveraine fut donnée comme un modèle aux autres nations, et fut choisie pour contribuer à l'élévation du premier temple que l'homme ait élevé au vrai Dieu (2).

» Les ruines d'Axoum sont très étendues et, de même que celles des autres cités antiques de l'Orient, elles n'offrent que des restes d'édifices publics ; les obélisques y dominent.

» Après avoir dépassé le couvent d'Abba-Pataléon, appelé en Abyssinie *Mantellas*, et le petit obélisque qui est posé sur un rocher au-dessus de ce couvent, et en suivant un chemin conduisant vers le sud, et pratiqué dans une montagne de marbre extrêmement rouge, on a, à gauche, un mur de marbre formant un parapet de 1 mètre 65 centimètres de haut ; de distance en distance, on voit dans cette muraille des piédestaux solides sur lesquels une foule de marques indiquent qu'ils servaient à porter les statues colossales de Sirius, l'aboyant Anubis ou la Canicule. Il y a encore en place cent trente-trois de ces piédestaux; mais il n'y reste que deux figures de chien qui, quoique mutilées, laissent voir aisément qu'elles ont été sculptées dans le goût égyptien.... Une de ces ruines rappelle le portique de l'ancien temple de Médinet.

(1) Nous croyons devoir conserver, dans cette citation, l'orthographe de la relation de Bruce.

(2) Le temple de Jérusalem, la reine de Saba.

» .... Il y a aussi des piédestaux sur lesquels ont été placées des figures de sphinx. Deux magnifiques rangs de degrés de plusieurs centaines de pieds de long, supérieurement travaillés et encore intacts, sont les seuls restes de ce temple superbe. Dans un coin de la plate-forme où ce temple s'élevait, on voit aujourd'hui l'église d'Axoum.

» Cette église est petite, mesquine et pleine de pigeons, ce qui contraste singulièrement avec l'idée que se font les Abyssins des trésors qu'elle contient. Il est, en effet, presque de foi parmi eux que l'Arche d'alliance y est conservée, ainsi qu'une copie de la loi mosaïque que *Menilek,* disent-ils, déroba à Salomon, son père, et apporta en Ethiopie. A leurs yeux, ces deux objets, réputés saints et sacrés, sont le palladium de l'empire.

» Une autre relique très précieuse, conservée autrefois dans la même église, mais transportée depuis dans une des îles du lac Tzana, est un tableau représentant le Christ couronné d'épines, peint par saint Luc.

» Dans les circonstances exceptionnelles, lorsque, par exemple, on est en guerre avec les mahométans ou avec les païens, on porte ce tableau en tête de l'armée.

» .... Axoum est arrosée par un petit courant d'eau qui ne tarit jamais et qui prend sa source dans la vallée étroite où sont les obélisques.

» L'eau est reçue dans un magnifique bassin de cent cinquante pieds carrés ; de là, on la conduit à volonté dans les jardins des environs. »

La nouvelle ville d'Axoum ou d'Aksoum, est bâtie au pied d'une montagne et contient environ six cents maisons. L'industrie locale, qui est assez active, s'alimente surtout par la fabrication de grosse toile de coton et par celle de parchemin, fait de peaux de chevreau, et qui passe pour être le plus beau du monde. Ce dernier travail est le monopole à peu près exclusif des moines du pays.

Au temps de Bruce, la capitale du Tigré était *Adova* ou *Adoueh,* ville de huit mille âmes, à l'aspect riant, et principal entrepôt du commerce entre l'intérieur de l'Abyssinie et la mer.

La ville est située sur le penchant d'une colline, à l'ouest d'une petite plaine qu'environnent de tous côtés de hautes montagnes. Son nom signifie passage ; il lui a été donné à cause de sa situation. La vallée qu'elle domine est, en effet, le seul endroit par où l'on puisse passer pour aller de Gondar à la mer Rouge.

TEMPLE DE MÉDINET

Adova, qui est entourée de sites charmants, sites arrosés par trois cours d'eau qui ne tarissent jamais, contient environ trois cents maisons et occupe un bien plus vaste espace qu'il ne serait nécessaire, si chaque maison n'était entourée de haies et d'arbres, parmi lesquels on voit surtout beaucoup de wanzeys.

Les arbres que l'on plante ainsi dans les villes d'Afrique, les couvrent tellement, qu'à une certaine distance, ils donnent à ces villes l'apparence de véritables forêts.

Adova est le centre d'une des industries les plus importantes de l'Abyssinie: la fabrication de ces grosses toiles de coton qui, avec le sel, servent dans tout l'empire de monnaie courante.

Toutes les maisons de la ville sont construites en pierres brutes, reliées ensemble avec de la boue en guise de mortier. On ne connaît l'usage de la chaux qu'à Gondar, encore ne connaît-on que très imparfaitement la manière de l'employer. Les toits — comme du reste dans tout l'empire éthiopien, ainsi qu'on le verra par la suite de ces récits — sont en forme de cônes et faits avec une espèce d'herbe à roseaux, un peu plus grosse que la paille ordinaire de froment.

Le sol des environs d'Adova est formé d'argile blanche mêlée de sable, et il paraît propre à toute espèce de culture.

Le bétail erre à son gré dans les montagnes. Les pasteurs mettent le feu, avant les pluies, aux herbes, aux joncs, aux bruyères, et soudain la plus charmante verdure tapisse la terre.

Non loin d'Adova, le voyageur européen va visiter avec le plus vif intérêt, à *Frémona*, les restes de l'ancienne résidence des jésuites. Le couvent est situé sur une montagne très escarpée, qui s'étend de l'est à l'ouest. Cette montagne qui, taillée à pic à l'est et au nord, s'abaisse de ces deux côtés vers la plaine en manière de falaise abrupte, s'incline au contraire doucement du côté du midi.

Les bâtiments ont environ un mille de circonférence; ils sont solidement construits en pierres ourdées d'un mortier de chaux; des tours garnissent les angles et s'élèvent sur plusieurs points des murailles. Malgré tout ce qu'on a fait pour les détruire, ces murailles, hautes de plus de huit mètres, sont encore debout.

Les bâtiments sont divisés en trois parties, par des murs de même hauteur que ceux qui forment l'enceinte.

La première partie semble avoir été destinée à servir de couvent; la seconde était évidemment l'église, et la troisième, qui est sur le bord d'un précipice effrayant, était probablement destinée à servir, le cas d'une attaque échéant, de place d'armes.

Toutes les murailles ont des ouvertures ménagées pour tirer des coups de fusil du dedans, et jusqu'à présent, c'est incontestablement la place la plus aisée à défendre de toute l'Abyssinie.

Les habitants d'Adova passent pour être plus doux et plus civilisés que les autres Abyssins.

Les environs de la ville, bien que hérissés de montagnes escarpées, donnent trois moissons par an. Malheureusement la fertilité de leur pays n'empêche pas les Tigréens d'être aussi féroces et sanguinaires que perfides et corrompus. Ils ont tous les défauts des Abyssins de l'intérieur; et à ces défauts, ils ajoutent les vices qu'engendre une demi-civilisation, vices qui leur ont fait perdre le caractère chevaleresque que nous signalons ailleurs.

Antalo est généralement considérée comme la capitale actuelle du Tigré.

Les provinces qui avoisinent le Tigré, portent les noms de *Ouadjerat*, de *Siré* et de *Samen*.

La première est un des greniers de l'Abyssinie ; les plaines humides de la seconde produisent beaucoup de palmiers et divers arbres fruitiers d'un excellent rapport. Dans la troisième, on remarque plusieurs chaînes de montagnes dont les deux plus célèbres sont le *Lamalmon* et l'*Amba-Gédéon*.

Ce dernier est, à proprement parler, un plateau escarpé de tous côtés et presque inaccessible, mais assez vaste et assez fertile pour nourrir une armée entière.

Ce fut longtemps l'amba, c'est-à-dire la forteresse inexpugnable des Falasjans ou Juifs abyssins, autrefois maîtres de la province de Samen.

Le nom de *Falasjan*, attribué à cette colonie juive, signifie *exilés*. « Les causes de son établissement en Abyssinie, dit M. Huot, dans sa continuation de la géographie universelle de Malte-Brun, sont encore un problème à résoudre, mais son existence n'en est pas moins un fait très important pour l'ethnographie; suivant une opinion généralement accréditée, c'est entre les années 596 et 330 avant l'ère chrétienne, que des Juifs ont fondé cette colonie.

» Il paraît qu'à l'époque de la conquête de la Judée, par Nabuchodonosor, vers l'an 596 avant Jésus-Christ, un grand nombre d'habitants de la terre d'Israël se réfugièrent en Arabie et en Egypte, d'où ils purent passer en Abyssinie.

» Dès le règne d'Alexandre le Grand, ces Juifs portaient déjà dans ce pays, le nom de Falasjans. Ils y ont conservé, jusque dans ces derniers temps, leur langue, leur religion, leurs lois, leurs mœurs, et, ce qu'il y a de plus remarquable, leur indépendance.

» Lorsque Bruce visita l'Abyssinie, ils étaient encore assez nombreux, selon lui, pour pouvoir mettre sur pied une armée de 50,000 hommes. »

Toutefois, depuis le commencement de notre siècle, leur nombre et leur prospérité ont considérablement diminué, et une partie du Samen, qu'ils possédaient en entier, est devenue une dépendance du Tigré.

Mais leur intelligence et leur influence en matière de commerce n'ont rien perdu pour cela de leur ancienne renommée. Ils sont toujours maîtres en quelque sorte du trafic entre l'intérieur et les côtes, et la majeure partie des profits de ce trafic reste entre leurs mains. Comme leurs coreligionnaires, dans tous les pays peu industrieux où ils se sont établis, ils possèdent ce génie particulier des affaires qui est, du reste, un des traits distinctifs de leur race, et qui les rend les intermédiaires, pour ainsi dire forcés, de toute transaction commerciale un peu importante.

Tels, en effet, on observe les Juifs sous ce rapport, parmi les populations slaves en Europe, tels on les trouve, non seulement chez les Abyssins, mais dans toutes les parties de l'Afrique où ils se sont fixés.

La province montagneuse de Lasta, habitée par une peuplade quelquefois soumise au négus, mais le plus souvent indépendante, renferme des mines de fer considérables.

Le Tacazzé y prend sa source. Nous nous arrêterons un instant, si le lecteur le permet, au bord de ce fleuve, dont la description donnée par Bruce, non seulement offre un réel intérêt, mais jette sur la nature abyssine, en général, une vive lumière.

« Le Tacazzé, dit-il, qui se nommait le *Siris,* ou le fleuve de la *Canicule,* lorsque le peuple noir et maintenant sauvage, le *cushite,* de l'île de *Méroé*, résidait sur ses bords, est un des fleuves les plus agréables à la vue, qui soient au monde.

» Ses bords sont ombragés par des arbres majestueux et couverts d'arbustes et de plantes, dont les fleurs odorantes peuvent rivaliser avec celles des plus brillants jardins.

» Ses eaux sont limpides et d'un goût parfait; enfin on y pêche diverses espèces d'excellent poisson et, sur ses rives, le gibier est en abondance.

» Il faut pourtant avouer que pendant les débordements du fleuve, les choses changent de face.

» Le Tacazzé reçoit le tiers au moins de la masse d'eau qui tombe en Abyssinie pendant l'hivernage, et Dieu sait si cette masse est considérable! Alors son niveau s'élève de cinq à six mètres et même plus; son cours se précipite avec une fureur sans égale; il s'élance du haut des monts, déracinant, dans sa course folle, les arbres et les rochers qui lui font obstacle et dont les fragments, en s'entrechoquant, font un bruit semblable au tonnerre, bruit que répètent les échos de cent montagnes....

» Mais quelque beau, quelque agréable que soit le Tacazzé, à l'époque où je l'ai visité, il a, même alors, comme toutes les choses créées, ses inconvénients particuliers.

» Il est très dangereux de s'endormir sur ses bords. Les habitants du pays, qui sont en général des voleurs et des assassins, descendent de leurs villages, situés dans les montagnes, pour piller les voyageurs.

» D'autre part, le poisson qui abonde dans le Tacazzé, y attire beaucoup de crocodiles, lesquels sont si audacieux, si voraces, que quand le fleuve hausse un peu, on ne peut le passer que sur des radeaux ou avec des peaux de boucs remplies de vent.

» Les personnes qui s'y hasardent à gué sont ordinairement dévorées. Il y a aussi beaucoup d'hippopotames, qu'on appelle dans le pays des *gomaris*.

» Nous ne les voyions point ; mais la nuit nous les entendions ronfler et mugir.

» Tandis que ces monstres peuplent les eaux, les lions, les hyènes remplissent les bois. Nous passions les nuits dans la crainte de ces animaux, parce que l'odeur de nos chevaux et de nos mulets en attirait un grand nombre autour de nous. »

Socota, sur une rivière, à 180 kilomètres au sud d'Axoum, est la ville principale du Lasta.

Au sud-ouest du Tigré, dans les plaines fertiles qui environnent le lac *Tzana*, sorte de petite mer ou plutôt de petit archipel intérieur, dont nous avons dépeint l'aspect général, s'étend la province ou le royaume d'*Amhara*, ou de Gondar, qui se divise en douze parties et que l'on doit considérer comme le cœur même de l'empire abyssin.

On y remarque la haute montagne *Amba-Gschen*, sur laquelle on reléguait autrefois les princes du sang royal, non seulement afin de les empêcher de conspirer contre le pouvoir du souverain, mais encore, et peut-être surtout, dans le but de les tenir éloignés des affaires et de laisser ainsi un pouvoir plus étendu au négus et à son premier ministre.

Depuis longtemps cette amba a été remplacée comme prison royale par celle de *Ouèhui* dans le Begemder.

Ce mot amba, que nous venons d'écrire plusieurs fois coup sur coup, tient une trop grande place dans l'état social et surtout dans la vie politique du peuple qui nous occupe, pour que nous le laissions passer inaperçu.

Ainsi que nous l'avons déjà dit nous-même et que le fait observer M. de Rivoyre, à qui nous empruntons les détails qui vont suivre

« le plateau éthiopien est loin de présenter le coup d'œil monotone d'une surface unie, se profilant sans variété et sans effet.

» C'est plutôt une succession de vallées et de collines coupées par des rivières ou même des fleuves ; les premières se développant, par ci, par là, en vastes plaines, les secondes s'exhaussant en cimes escarpées. Tout d'un coup même, au-dessus de cet ensemble mouvementé, dominant les unes et les autres, se dresse, droit et net, un pic inaccessible. L'arête des contours en est plus vive, la forme plus altière. On dirait quelque gigantesque obélisque jeté debout par la main du Créateur, au milieu de ce dédale, pour en surveiller et en dompter les écarts : c'est une *amba*.

» Forteresses naturelles et inexpugnables, c'est peut-être à ces phénomènes géologiques, propres à l'Abyssinie, qu'il faut demander le secret des guerres intestines qui l'ont si souvent désolée.

» Maître, en effet, d'une amba, tout rebelle, menacé ou poursuivi, est sûr de se ménager là, en cas de besoin, une retraite où nul ne pourra l'atteindre, et du haut de laquelle, s'il a pris ses mesures, il narguera sans crainte le vainqueur se morfondant à ses pieds.

» Aussi l'art humain s'attache-t-il à en multiplier encore les moyens de défense.

» Taillé dans le roc, le sentier abrupt qui mène au sommet est, de distance en distance, obstrué par des blocs de pierres ou des barrières qui permettent de fermer, presque instantanément, toute issue. En haut et sur les flancs, des réserves d'armes sont installées ; des citernes creusées, des provisions accumulées, et, vienne le jour des revers, comme pour les châteaux des barons du moyen âge, c'est un blocus en règle et prolongé, souvent même sans espoir, qui seul peut essayer d'en avoir raison.

» Le premier soin de Richelieu, lorsqu'il entreprit d'anéantir l'esprit guerrier et les privilèges féodaux de la noblesse française, fut d'abattre les tours puissantes et les remparts crénelés derrière lesquels on le bravait. Tant qu'un négus ne sera pas parvenu à détruire la force des ambas ou à en interdire l'accès, ses vassaux turbulents ne s'inclineront qu'à regret devant son autorité, toujours prêts à en appeler aux armes pour en discuter ou en repousser les effets. »

L'Amhara est peuplée par une race d'hommes qui passent pour être les plus beaux et les plus braves de l'Abyssinie. *Gondar*, résidence royale et capitale actuelle de l'empire abyssin, en est le chef-lieu.

Cette ville est construite sur le large plateau qui couronne une montagne assez haute; les indigènes la comparent fièrement au grand Caire, comme étendue et nombre d'habitants. Si à une autre époque cette assertion a été fondée, il faut reconnaître que la cité abyssine est bien déchue de son ancienne importance.

Un voyageur français, M. Coffin, qui l'a visitée en 1814, évalue sa population à vingt mille âmes. Environ un demi-siècle auparavant, Bruce, qui y avait résidé longuement et à plusieurs reprises, parlait de dix mille familles.

La plupart des maisons, au dire des deux voyageurs que nous venons de citer, sont bâties en argile, avec un toit de chaume en forme de cône, ainsi qu'il est d'usage dans tous les pays exposés aux pluies du tropique.

La résidence du négus est située dans la partie orientale de la ville. Ce palais, autrefois bien plus vaste et plus imposant qu'aujourd'hui, se composait, au temps de sa magnificence, d'un grand bâtiment carré, à quatre étages, flanqué de quatre tours carrées, d'où la vue s'étendait du côté du midi, jusqu'au lac Tzana.

Mais, brûlé à différentes reprises, cet édifice n'offrait déjà plus au temps de Bruce qu'un monceau de ruines, et il n'y a pas à supposer que durant la période qui s'est écoulée depuis, période si agitée pour l'Abyssinie, de grandes réparations y aient été faites. Peut-être même la salle d'audience, de plus de quarante mètres de long, dans laquelle était placé le trône du négus, qui restait encore en très bon état au premier étage de ce palais, s'est-elle écroulée à son tour comme le reste.

Quoi qu'il en soit, Bruce nous apprend, et les voyageurs qui l'ont suivi confirment cette assertion, que la cour demeurait habituellement non dans le palais même, mais dans des appartements que plusieurs souverains avaient fait bâtir autour, en argile et couverts de chaume selon l'usage du pays.

Or, on peut imaginer le contraste singulier offert par ces appendices et par l'édifice principal, lequel, bâti sous le règne de Facilidas,

PALAIS DU ROI A GONDAR

par des ouvriers que ce prince avait fait venir des Indes et qu'il avait placés sous la direction de quelques Abyssins, initiés aux secrets de l'art architectural européen par les jésuites, lors de leur résidence en Ethiopie, avait un caractère imposant dont ses ruines conservent l'empreinte.

Le palais et toutes les habitations qui l'entourent, se trouvent ronfermés dans un mur de pierre de dix mètres de hauteur qui, selon l'usage oriental, isole la demeure du souverain du reste de la ville. L'intervalle qui règne entre les maisons et ce mur est couvert par une sorte de parapet formant promenoir, d'où la vue embrasse une grande étendue de pays.

Il paraît n'y avoir jamais eu d'embrasures pour le canon, pratiquées dans ce mur, dont le développement total n'est pas moindre d'un mille et demi.

La ville contient quarante et une églises chrétiennes, dont la principale, qui porte le nom de *quosquum*, est décorée avec un grand luxe. Les murs en sont tapissés de soie bleue et ornés de glaces.

La montagne sur laquelle s'élève Gondar, est environnée d'une vallée profonde dans laquelle on accède par trois défilés, situés à distance à peu près égale les uns des autres.

En face de cette capitale est une ville mahométane d'environ mille maisons, dont les habitants, très industrieux et très actifs, ont pour occupation principale le soin des équipages du roi et des nobles. Ce sont eux qui, lors des fréquents déplacements de la cour, dressent et abattent les tentes, ce qu'ils font avec une adresse et une promptitude étonnantes. Ils conduisent les mulets de charge, et forment, en temps de guerre, un corps spécial commandé par des officiers, mais dispensé, quelles que soient les circonstances, de toute participation aux combats.

Gondar renferme un marché couvert où se fait un trafic important. L'or, en lingot ou en poudre, le sel et certaines étoffes de coton y tiennent lieu de monnaie courante, comme du reste dans toute l'Abyssinie, ainsi que nous aurons occasion de le dire.

Les intermédiaires les plus actifs et les plus intelligents de ce trafic sont des mahométans dont une des principales colonies s'est établie à deux ou trois journées de marche de Gondar, dans un grand village appelé *Tangouri*. Ils vont en caravanes, bien au delà du Nil et très avant dans le sud, vendre aux Gallas des grains de verroterie, de grosses aiguilles, de l'antimoine, de la myrrhe, de grosses toiles de

CARAVANE DANS LE DÉSERT

coton, fabriquées dans le Begemder, et de grosses toiles bleues de Surate.

Ces caravanes sont ordinairement une année en voyage; au retour, elles rapportent des esclaves, de la civette, de la cire, des peaux, du cardamome dont l'écorce est magnifique, et enfin, du gingembre, en quantité. Ce dernier produit vient de bien au delà des limites de leur voyage, c'est-à-dire du côté du Narea.

Le royaume d'Amhara est très fertile en froment; il renferme dans le *Begemder*, dont le nom signifie *pays des moutons*, une ville appelée *Emfras*, dont la situation est des plus agréables et des plus pittoresques.

La ville d'*Emfras* est située sur une très haute montagne, et on s'y rend par un chemin qui est presque à pic.

Les maisons, au nombre de trois cents, sont bâties à mi-côte, faisant face au midi. Derrière les maisons, s'étendent des jardins, ou plutôt des champs remplis d'arbres et d'arbustes, lesquels, plantés sans ordre, mais néanmoins du plus charmant effet, occupent tout le terrain jusqu'au sommet de la montagne, formant ainsi à la ville une couronne de verdure et de fleurs, étagée comme un amphithéâtre antique.

D'Emfras, la vue plane sur le lac de Tzana, et on distingue même la campagne qui est au delà.

Les négus ont résidé autrefois dans cette ville et on y voit encore une tour carrée, à demi ruinée, qui était l'habitation des reines.

La population du Begemder passe pour être la plus belliqueuse de l'Abyssinie.

Le *Godjam*, que le Nil entoure de manière à en faire une grande presqu'île, forme dans la partie méridionale de l'Amhara, une des régions les plus renommées de l'Ethiopie. C'est une sorte d'Arcadie, aux pâturages excellents, aux ombrages délicieux, dont la population autochthone, du moins en ce qui concerne la partie montagneuse d'où sort le Bahr-el-Azrak, ne s'est jamais mélangée, assure-t-on, avec les autres habitants de l'Abyssinie. Nous y reviendrons avec Bruce, quand nous parlerons des sources de ce fleuve.

Disons, en attendant, que, abondante en toutes sortes de productions, cette province tire sa principale richesse de ses troupeaux de bœufs.

La petite province de *Maïtcha*, au centre de l'Amhara, était autrefois habitée par les *Agows*, dont nous parlons ailleurs. C'est un pays plat et marécageux, où règne, à certaines époques de l'année, des fièvres paludéennes fort persistantes. Sa population actuelle est composée de Gallas qui, ayant adopté la religion et les mœurs abyssines, sont venus s'y fixer et jouissent de la protection spéciale des négus.

Le Maïtcha a pour chef-lieu *Ibalba*, ville que l'on peut comparer, au point de vue de la richesse et de l'étendue, à Gondar, dont deux cents kilomètres la séparent.

Au sud des hautes montagnes du Godjam, où il prend naissance, le Bahr-el-Azrak arrose le *Damot*, province habitée par les *Gafates*, que distinguent, des autres Abyssins, certains usages particuliers et surtout le langage. C'est dans le Damot que se trouvent les plus riches et les plus abondantes mines d'or de tout l'empire et que croît le coton le plus estimé.

Son chef-lieu est *Buré*, ville peu importante comme étendue, mais fort commerçante.

Les provinces réunies de *Choa* et d'*Efat* forment un Etat indépendant auquel on peut donner le nom de royaume d'*Ankober*, parce que la ville de ce nom en est la capitale.

Le *Choa* est une grande vallée d'un accès difficile qui nourrit de nombreux et excellents chevaux.

L'*Efat*, au contraire, est un pays élevé, arrosé par un grand nombre de cours d'eau. C'est dans l'Efat qu'est situé *Tegulat*, antique cité qui fut longtemps la capitale de toute l'Abyssinie et qui est maintenant en ruines.

Les provinces les plus méridionales de l'Abyssinie, bien que placées encore nominalement sous l'autorité des négus, leur échappent de fait, comme autorité, puisqu'elles sont presqu'entièrement tombées sous le joug des féroces Gallas, ennemis acharnés des Abyssins.

Le royaume d'*Angot,* qui a eu autrefois une importance très grande, et dont les villes principales, *Agof*, *Cobbenou* et *Combotche,* sont, paraît-il, tombées dans un état presque complet de barbarie, est entièrement sous leur dépendance, sauf, cependant, le *Cambot,* charmant et fertile territoire, qui jouit d'une indépendance relative et qu'habite une population composée de chrétiens, de mahométans et de païens, ainsi que la majeure partie du royaume de *Narea.*

Ce dernier royaume forme, en même temps que la partie la plus méridionale de l'empire des négus, un des plateaux les plus élevés de cet empire. Il abonde en grains et en bestiaux, et l'or gît en quantités énormes, assure-t-on, dans ses montagnes, dont l'air est pur et salubre.

Si l'assertion touchant l'abondance des mines d'or dans le Narea est exacte, et que son extraction en soit aisée, qui sait quelles destinées réserve à ce pays, dans un avenir plus ou moins prochain, ce fatal trésor que lui accorde la nature.

Nous disons *fatal,* parce que la recherche de l'or n'a jamais été réellement avantageuse, ni à ceux qui l'ont entreprise, ni aux pays qui en ont été l'objet, à moins cependant que, ainsi qu'il est arrivé pour la Californie et pour l'Australie, les chercheurs d'or, s'avisant à temps qu'une fortune, moins favorable au développement de toutes les mauvaises passions de l'humanité, leur était offerte par le sol du pays, bien plus sûrement que par les entrailles de ce sol, aient déserté les *placers,* pour s'occuper d'exploitation agricole.

Quoi qu'il en soit et en attendant que leur pays soit envahi par la cupidité du monde civilisé, les Naréens y vivent aussi paisiblement que le leur permettent les exactions des Gallas.

Les caravanes abyssines ne vont pas au delà de leur territoire, dont elles n'atteignent même pas les limites. Il en résulte, au profit du pays, un trafic incessant; les caravanes du centre de l'Afrique viennent jusque-là apporter ceux des produits de leur pays que réclame le commerce abyssin, et y reçoivent en échange ceux que leur envoie celui-ci.

On remarque que les Naréens, qui ont été pendant de longs siècles tributaires des Abyssins, et qui ont généralement avec eux de grandes analogies de race et de mœurs, en diffèrent sous le rapport du teint qu'ils ont à peine plus foncé que celui des Espagnols.

Du reste, cette divergence de couleur se rencontre presque à chaque pas en Abyssinie, ce qui prouve combien de mélanges a subies la population de cette partie de l'Afrique.

C'est là un des traits caractéristiques qui frappent tout d'abord le voyageur, et que tous ont été jusqu'ici d'accord à signaler.

Les *Abyssins* ou *Agazians*, comme ils aiment à être appelés, forment l'aristocratie du pays et en constituent le plus beau type. C'est à eux qu'appartient la famille royale, et l'esprit se plaît à voir dans ces hommes grands et bien faits, aux cheveux souples et longs, aux traits réguliers et rappelant le plus beau type arabe, les descendants de ces fiers Ethiopiens, dont une branche se glorifie encore d'appartenir à la lignée de Salomon, et d'être les fils de la reine de Saba, et dont plus tard un des princes eut l'insigne honneur d'aller, en compagnie des représentants de l'orient asiatique, déposer au pied de la crèche du Sauveur, les deux produits les plus précieux de son pays : la myrrhe et l'or.

Les Abyssins descendent de ce peuple qui fut pendant des siècles le dépositaire, en Afrique, de la splendeur des antiques monarchies orientales, alors que, « dans leurs résidences princières, entourés d'une cour somptueuse et guerrière, les tout-puissants négus voyaient accourir, pour se prosterner à leurs pieds, les divers rois d'Ethiopie, et où les cités lointaines envoyaient leurs tributs. »

Mais ce qui distingue les Abyssins de tous les peuples connus, c'est une teinte toute particulière, que Bruce compare au teint brun olivâtre, et qui, d'après les membres de l'Institut d'Egypte, paraît tenir du bronzé.

Quoi qu'il en soit, il est reconnu que des différences de nuances assez tranchées se montrent dans la couleur des habitants de l'Abyssinie ; ceux du Tigré, assure-t-on, sont presque blancs, et ceux des plateaux élevés tiennent le milieu entre eux et les habitants des plaines basses et marécageuses dont la couleur est presque noire.

Du reste, il est à croire qu'une peau très foncée est considérée dans ce pays comme un trait de beauté, puisque les Abyssins, qui ont la peau claire, ont grand soin de la noircir en la tatouant.

A laquelle des grandes races humaines se rattache ce peuple? Il semble peu probable que ce soit à la race nègre, tant les caractères physiques, les aptitudes intellectuelles et morales sont différentes.

GUERRIERS ABYSSINS

Ce qui jusqu'à présent a semblé aux savants de nature à fixer leurs doutes à cet égard, c'est l'étude des langues en usage dans l'empire des négus.

La langue *gheez*, parlée dans tout le royaume du Tigré, et dans laquelle les livres des Abyssins sont écrits, est regardée par tous les hommes compétents dans la question, comme un idiome dérivé de l'arabe. La langue *ambaryque*, usitée à la cour depuis le XIVe siècle, et parlée dans la plupart des provinces, offre aussi beaucoup de racines arabiques ; mais sa syntaxe porte les traces d'une origine particulière.

La langue gheez, d'après Malte-Brun, à qui nous empruntons cette étude ethnographique, plus dure que l'arabe, a cinq consonnes, dont un organe européen ne saurait rendre la rudesse ; l'ambary a beaucoup plus de douceur, mais il lui manque cette variété des formes grammaticales qui est un des caractères des langues sémitiques.

Il semblerait donc que l'Abyssinie, peuplée d'abord d'une race primitive, aurait reçu, surtout dans ses parties septentrionales et maritimes, une colonie d'Arabes appartenant, selon toute probabilité, à cette tribu de *Kousch*, dont le nom, dans les livres prophétiques des Hébreux, se trouve également appliqué à une partie de l'Arabie et à l'Ethiopie.

Un grand nombre de mots grecs se sont introduits dans le gheez, dont le dialecte le moins mélangé est le *tigréen*.

Les écrivains qui se sont occupés de la question, admettent en Abyssinie plus de huit idiomes différents. Tels sont, entre autres, celui que parlent les Agows dans le centre de l'empire, et celui qui appartient en propre aux Gallas.

Ces idiomes ne peuvent, à aucun point de vue, être ramenés à une souche commune.

Depuis plusieurs siècles, le gheez a un alphabet particulier, qui paraît être un mélange de caractères arabes et de formes gréco-égyptiennes, avec inversion de l'écriture et addition de signes accessoires pour les voyelles, de manière à constituer une sorte d'écriture syllabique.

Les relations intimes qu'a eues l'Abyssinie avec l'Asie, confirment l'opinion qui fait descendre ses habitants des arabes Kouschites.

Suivant ceux-ci, *Habesch*, qui a donné son nom aux Abyssins, était fils de Kousch, lequel était fils de Cham, fils de Noé.

L'histoire indigène des Abyssins, du moins telle que nous la connaissons, ne remonte pas au delà de la fameuse reine de Saba, dont parlent les saintes Ecritures, et de son fils qui, sous son double nom de David et de *Menileh*, fonda la dynastie des négus.

Les deux frères *Abraha* et *Azbaha* qui occupaient, en 330, le trône des négus, embrassèrent, à cette date, la foi chrétienne.

« La conversion de ces princes entraîna celle de la nation, et, à partir de cette époque, à côté des donjons de la noblesse éthiopienne, s'élevèrent des églises et des monastères. Les mœurs y sont encore aujourd'hui ce qu'elles étaient alors; le moyen âge, tel que l'histoire nous en a transmis la légende, avec tout son cortège de poétiques traditions, de coutumes chevaleresques, non moins que de luttes intestines et d'exactions sanglantes, s'y est perpétué et y subsiste immuable sur l'assise des institutions féodales qui régissent l'Abyssinie.

» La large existence du grand châtelain d'autrefois s'y retrouve avec tous ses droits, tous ses privilèges, tous ses abus; avec son monde de vassaux et de clients; avec ses troubadours errants, pour chanter ses hauts faits, ou sa large hospitalité ouverte à tout venant; avec ses écuyers, ses pages, ses valets et jusqu'à sa galanterie raffinée pour les femmes, mais encore plus avec l'ombrageux orgueil seigneurial, toujours en éveil contre les entreprises d'un rival, ou sur la défensive contre les empiétements du pouvoir souverain (1). »

Mais dans ce tableau général et saisissant de vérité, de l'ensemble de la vie sociale et politique des Abyssins, pendant une durée de quinze siècles, nous avons à relever, ne serait-ce que comme points de repère, quelques noms, quelques faits principaux.

Ainsi, près de deux siècles après la conversion des Abyssins au christianisme, nous voyons un de leurs princes les plus célèbres, le roi Caleb, nommé *Elesbaan*, allié de l'empereur Justin, faire plusieurs campagnes brillantes et heureuses, en Arabie, contre les Juifs et les Koreischites.

En 928, la dynastie salomonique est détrônée et remplacée par la

(1) M. Henri de Rivoyre, *La mer Rouge et l'Abyssinie.*

dynastie zagaïque, qui garde le pouvoir pendant un peu plus de trois siècles.

Le souverain le plus célèbre de cette famille fut *Lalibala,* qui fit tailler dans les rochers plusieurs édifices, entre autres neuf églises, qu'un voyageur du XVIe siècle a dessinées, et dans l'une desquelles — celle dite du Golgotha — ce roi a son tombeau.

La noblesse du Choa replaça, en 1268, une branche de l'ancienne dynastie salomonique sur le trône; elle s'y maintient encore, bien qu'à plusieurs reprises elle ait eu à subir des usurpations momentanées.

Parmi les princes de cette dynastie qui se sont, pour un motif ou pour un autre, particulièrement distingués, nous citerons, au commencement du XIVe siècle, *Amda-Sion*, monarque belliqueux et puissant, dont le nom et les exploits tiennent une grande place dans la légende abyssine ; *Zara-Jacob*, dont les ambassadeurs, au concile de Florence, se déclarèrent pour l'Eglise orientale; *David III,* sous le règne duquel l'Abyssinie et le Portugal entrèrent en relations; *Claudius* ou *Azénaf-Ségued*, fils du précédent, eut à combattre de sérieuses et inquiétantes invasions de mahométans ; il maintint l'alliance que son père avait conclue avec les Portugais, et ceux-ci lui envoyèrent, en 1542, un corps de troupes auxiliaires de quatre cent cinquante hommes sous le commandement de *Christophe de Gama.* Ce héros périt glorieusement en combattant une nombreuse armée de Maures; le roi lui-même perdit la vie dans une autre bataille. L'invasion néanmoins fut repoussée, grâce à la vaillance des Abyssins et à leur haine bien connue contre les musulmans.

Les Portugais ne s'étaient pas bornés à envoyer à leurs nouveaux alliés d'Afrique, des secours en hommes et en armes ; tristement étonnés de la manière dont les Abyssins entendaient et pratiquaient le christianisme, ils avaient joint à ces secours l'établissement d'une mission catholique.

Les missionnaires, bien reçus d'abord, ne tardèrent pas à s'apercevoir que leur tâche serait ici plus difficile que nulle autre part. Le clergé abyssin d'abord, puis les nobles, et enfin le peuple, s'élevèrent contre eux et leur suscitèrent mille tracas, mille persécutions.

Les négus, qui tenaient à ménager les Portugais, flottaient indécis entre les deux religions, et, avec cette diplomatie habile qui est l'apanage de tous les princes orientaux, ils trouvaient le moyen de les ménager toutes deux.

Le triomphe sembla définitivement acquis à la doctrine catholique, lorsque, en 1620, le savant et pieux père Paiz parvint à obtenir la conversion publique du négus Socinios. Ce fut, au contraire, l'occasion de la ruine de la mission portugaise.

Pendant le temps que Socinios passa encore sur le trône après sa conversion, les rébellions, prenant le caractère spécieux de guerres de religion, se déchaînèrent avec une violence et dans une proportion qu'elles n'avaient jamais atteintes jusque-là.

Socinios, qu'animait une foi sincère, tint bon; mais ses successeurs, ou moins fermement convaincus, ou plus soucieux que lui de leurs intérêts temporels, modifièrent leur conduite.

Dès 1632, le roi Basilidas déclara le christianisme abyssin, la vraie et seule religion de l'Etat et prononça un décret de bannissement contre les missionnaires portugais. Ce décret fut le signal de terribles persécutions; les missionnaires furent pour la plupart lapidés, et beaucoup de leurs néophytes, dont le nombre, assure-t-on, s'élevait à 300,000, furent massacrés.

A partir de ce moment, l'Abyssinie redevint entièrement étrangère à l'Europe.

Un des règnes les plus brillants et les plus prospères de la dynastie salomonique, fut celui de Yasous Ier. Ce prince, qui eut passé à bon droit pour un grand monarque chez les peuples les plus civilisés, imprima une impulsion heureuse à la politique abyssine; il envoya une ambassade à Batavia, et il n'eût tenu qu'à ses successeurs, s'ils eussent continué à marcher dans la voie qu'il avait ouverte, d'inaugurer pour l'Abyssinie une ère de prospérité, qui eût rendu au trône des négus, une partie au moins de son ancienne splendeur.

Yasous Ier ne fut pas seulement un grand prince; il se montra, comme homme privé, loyal, généreux et bon. On raconte à sa louange que, touché du triste sort des princes exilés ou plutôt captifs de la famille royale, il se rendit au pied de la fameuse amba d'*Ouhéni* et en fit descendre tous les princes qui y étaient confinés. Il les consola, les encouragea, passa plusieurs semaines dans leur société, et en les quittant, les laissa tellement charmés de sa bonté, qu'afin de lui éviter les embarras que n'aurait pas manqué de lui causer, vis-à-vis de ses ministres et des grands du royaume, leur mise en liberté, ils remontèrent volontairement dans leur triste retraite.

On s'étonnerait qu'un monarque, doué de si rares vertus, ait laissé des enfants aussi peu dignes de lui que le furent les fils d'Yasous, si l'histoire n'était là pour nous apprendre que, dans tous les pays et à toutes les époques, pareil fait s'est produit.

Les vices de ces princes, leurs débordements lassèrent la patience, bien grande cependant en cette matière, des Abyssins, et ouvrirent, pour un moment, la route du trône à un usurpateur, dont le règne vit renaître les querelles religieuses, assoupies depuis près d'un siècle.

Yasous II, dont les arts et en particulier l'architecture occupèrent les loisirs, et marquèrent son règne d'un caractère particulier, ouvrit, par son mariage avec une princesse d'une tribu des Gallas, une nouvelle source de dissensions et de guerres intestines.

Son successeur, né de ce mariage, en prodiguant aux Gallas les places et les faveurs, irrita les Abyssins qui se soulevèrent sur tous les points de l'empire.

Le négus, régnant lors du voyage de Bruce, *Tecla-Haïmanout*, parvint à calmer ces troubles; mais, détrôné par un prince rebelle, il laissa son pays livré à l'anarchie.

Le ras ou gouverneur du Tigré, le puissant *Welleta-Selassé*, dont Bruce a tracé un brillant portrait, prit alors sous sa protection un roi titulaire, résidant à Axoum, tandis que *Cuxo*, chef des Gallas, plaçait sur le trône de Gondar, une autre ombre de souverain.

Ainsi scindé en deux Etats rivaux, l'empire des négus tomba dans une anarchie plus grande que jamais.

Après une assez longue période toute remplie de luttes intestines, mais dont aucun incident remarquable, ou du moins important au point de vue des intérêts européens, ne marqua le cours, un barbare de génie, le célèbre *Théodoros*, parvenu au titre de grand négus d'Abyssinie, après avoir précipité du trône Oubié, prince de la dynastie salomonique, recomposa un empire abyssin assez redoutable qui embrassait particulièrement l'Amhara et le Tigré.

Sa capitale était tour à tour Gondar et Devra-Thabor.

Des attaques imprudentes, bien que largement justifiées, assure-t-on, par l'arrogante conduite de celui qui en fut victime, M. Cameron, consul d'Angleterre, donnèrent lieu à une expédition anglaise, conduite contre Théodoros par sir Robert Napier qui, à la tête d'un corps d'armée de 15,000 hommes, franchit victorieusement, en 1868, l'espace compris entre la baie d'Adulis et Magdala, où s'était retranché le négus.

C'est là que, pour ne pas tomber entre les mains du vainqueur, Théodoros se donna la mort.

Depuis, l'Abyssinie flotte entre de faibles prétendants ; toutefois, un prince du Tigré, descendant de la grande dynastie nationale éthiopienne, paraît en voie de rendre la prééminence à ce titre de négus qui lui a été conféré par un parti puissant.

L'Egypte et l'Italie, menaçant toutes deux cet empire renaissant, ont établi des postes militaires à Massouah, et tout semble annoncer que le moment n'est pas éloigné où les regards de l'Europe se tourneront forcément de ce côté.

Le cas échéant, la France, plus peut-être qu'aucune autre puissance du monde civilisé, aura le droit d'intervenir.

Déjà, du reste, en 1859, un commencement d'intervention, qui nous lie pour l'avenir, a eu lieu.

A cette époque, un officier de notre marine, le commandant Russel, fut chargé par le gouvernement français d'une mission pour Negoussié, le prince de la dynastie salomonique qui, ayant été élu par une partie des grands vassaux d'Abyssinie, avait été opposé par eux à Théodoros.

Le commandant Russel se rendit d'abord à Rome, afin de s'assurer du concours des missions catholiques qui, « sous la direction d'un véritable apôtre, un évêque digne de la primitive Eglise, Mgr de Jacobis, dont les vertus avaient gagné la confiance de tous les Abyssins, coptes, musulmans même, aussi bien que des catholiques, exerçaient en Abyssinie une grande influence. »

Le plan du commandant Russel était des plus simples; il voulait reconnaître la côte et planter le pavillon français là où il lui semblerait le plus avantageux de le faire; puis, pénétrant au cœur du pays, établir, entre l'Abyssinie et la France, des relations également avantageuses aux deux pays.

« L'entreprise, continue M. Gabriel Charmes, paraissait d'autant plus réalisable, que le prince qui avait succédé à Oubié, le dernier négus d'Abyssinie, Negoussié, pressé d'un côté par les Egyptiens et de l'autre par l'usurpateur Théodoros, demandait, comme l'avait fait son prédécesseur, l'appui de la France.... De tout temps l'Abyssinie a été d'ailleurs hospitalière à nos compatriotes, qu'elle regarde comme ses alliés naturels, comme ses meilleurs amis en Europe.

» Ce petit peuple, chevaleresque et chrétien, malgré la barbarie où il est plongé, a, sous bien des rapports, des points de contact avec notre caractère et notre esprit. Il se méfie beaucoup des Anglais, dont il redoute l'ambition et dont les mœurs religieuses, hostiles au culte de la Vierge et des saints, lui répugnent profondément.

» Aussi, chaque fois qu'un souverain éclairé y arrive au pouvoir avec des visées ambitieuses et civilisatrices, il se tourne vers nous de préférence, et ne subit les avances de l'Angleterre, que lorsque nous-mêmes, nous n'avons pas répondu aux siennes.

» C'est ce qui arrive en ce moment (en 1884) avec le roi *Kassa*, dont il nous serait fort aisé d'obtenir l'amitié.... » C'est ce qui arrivait en 1859, avec Negoussié, le compétiteur de Théodoros, alors à l'apogée de sa puissance et forcément lié avec les Anglais, dont au fond, paraît-il, il n'aimait pas le caractère et redoutait l'ambition.

Quoi qu'il en soit, Negoussié, ayant envoyé sur ces entrefaites une ambassade à Paris, M. Russel, dont les préparatifs étaient faits, reçut l'ordre de partir.

ASSOUAN

Par malheur, l'état du pays ne lui permit pas d'arriver jusqu'à Negoussié. Il en obtint cependant, par un fondé de pouvoir, envoyé à sa rencontre par le prince, des traités par lesquels, « en vertu de sa royale puissance, héritier des droits imprescriptibles du vieux trône éthiopien, maître absolu du pays, aussi bien des sommets élevés du plateau abyssin que du rivage battu par la mer, il abandonnait à la France la pleine et entière possession de *Zulla* et de l'île de Disseh, position qui nous assurerait, si nous l'occupions, la prépondérance dans la mer Rouge. »

Le commandant Russel, ce grand point acquis, reprit l'exploration des côtes qu'il avait interrompue pour essayer d'entrer en Abyssinie ; il poursuivit sa reconnaissance jusqu'au Sômal, et revint en France avec les relèvements les plus exacts qui eussent encore été obtenus de ces rivages peu hospitaliers.

Cette exploration nous valut la prise de possession d'*Obok,* qui eut lieu peu après, et l'établissement de comptoirs commerciaux importants à *Adulis*.

C'était peu, sans doute, comparé aux avantages que nous aurait procurés l'occupation de Zulla et de Disseh, où le gouvernement français commit, un peu plus tard, la faute de laisser planter, d'abord le drapeau de la Turquie, et dans la suite, celui de l'Egypte.

Constatons cependant, avec M. Charmes, que la France n'a pas, pour cela, renoncé « aux droits qu'elle possède sur ces territoires qui lui ont été concédés régulièrement. Les titres acquis par le commandant Russel sont toujours valables, et le jour où il nous conviendra d'en user, ils serviront à nous rendre la situation que nous avons négligé de prendre.

» .... Ce jour ne saurait tarder. Volontairement ou non, nous serons prochainement amenés à reprendre l'œuvre préparée par le commandant Russel.... La possession de la Cochinchine, de l'Annam et du Tonkin fait de nous une puissance asiatique, nous ne pouvons rester indifférents au sort de la route de l'Asie?.... »

Puisque nous avons nommé Mgr de Jacobis, qu'il nous soit permis d'esquisser ici l'histoire de la mission fondée par lui, et d'ajouter à cette esquisse quelques traits se rapportant directement à ce pieux et éminent confesseur de la foi.

Aussi bien, l'histoire de cette mission et celle de son saint fondateur, sont-elles désormais inséparablement liées aux destinées de l'Abyssinie.

Mgr de Jacobis et ses fervents religieux ont été et sont encore en ce moment les pionniers les plus intrépides et les plus heureux de la civilisation moderne qu'ait reçus l'Abyssinie.

Dans l'origine, la mission catholique établit son principal siège à Mackoullo, petite ville située sur la côte, non loin de Massouah, et qui partage avec Arkiko le privilège de servir de résidence aux négociants de Massouah.

« On y voit encore, dit M. de Rivoyre, les murs en ruines de la chapelle et de la demeure des Lazaristes. Mais des raisons de commodité et de sécurité en exigèrent bientôt le transport dans l'île même. Et de cette première installation il ne reste plus aujourd'hui que les arbres devenus grands qu'ils y avaient plantés, de faux poivriers dont l'ombrage touffu apparaît de loin comme un îlot sombre sur l'océan de sable éblouissant qui, à partir des dernières cabanes de Mackoullo, s'étend aussi loin que le regard peut fouiller. »

Le siège de la mission a été ainsi établi à Massouah ; mais ce siège est bien plus nominatif que réel ; c'est bien avant sur la côte, c'est au milieu des villages troglodytes et aux portes presque du Tigré que s'exerce le zèle des missionnaires. Leur couvent domine la pittoresque et fertile vallée d'Hébo.

Du temps de Mgr de Jacobis, ce couvent était à Hallaye.

Rendons-nous à Hébo en compagnie de M. de Rivoyre.

« L'Eglise catholique, dit-il, est bâtie en avant sur une petite éminence ; elle s'aperçoit de loin, et semble vous souhaiter la bienvenue. Tout près, la maison de la mission, et un peu plus bas, au second plan, le village.

» .... Près de l'église s'élève le tombeau de Mgr de Jacobis ; un monument bien simple, en pierres plates, à l'abri duquel dort du sommeil éternel, le fondateur des missions catholiques actuelles en Abyssinie. »

Débarqué en 1840, sur le territoire des puissants négus, le doux et vaillant apôtre donna, pendant vingt, ans « l'exemple de toutes les vertus et de tous les courages. »

« Devant son zèle et devant sa foi, pas de distinction de religion ou d'origine. Tous les malheureux étaient ses frères, tous les pauvres ses enfants. Musulmans et chrétiens le vénéraient comme un saint, et entourent aujourd'hui sa mémoire d'un culte que le temps n'a pas affaibli.

» Lorsqu'il mourut, ce fut un deuil universel, et les détails de cette mort sainte et héroïque doivent d'autant plus nous intéresser, qu'ils se rattachent à un fait où le nom de la France se trouve mêlé, » c'est-à-dire à la mission du commandant Russel en Abyssinie.

Hallaye, où résidait alors Mgr de Jacobis, est le premier village abyssin qu'on rencontre en quittant le littoral. Placé sur une cime élevée de 2,000 mètres au-dessus de l'Océan, ce village relevait encore de Negoussié, et c'est là que, ne pouvant se risquer à aller plus avant, M. Russel attendait l'escorte que lui avait annoncée Negoussié, escorte que les événements ultérieurs ne permirent pas au prince de lui envoyer.

L'autorité de Théodoros cependant s'étendait de ce côté, et une nuit que tout reposait au couvent, une troupe de ses soldats envahissent Hallaye, forcent les portes des missionnaires, et se préparent à emmener le commandant Russel ainsi que les officiers qui l'accompagnaient.

Considérés comme alliés de Negoussié, ce qu'ils étaient de fait, le sort des prisonniers n'était pas douteux. Déjà ils étaient chargés de chaînes, lorsque l'intervention de Mgr de Jacobis obtient un sursis. Il se porte garant de la bonne foi et des dispositions conciliantes des envoyés français, que, le soir même, à la faveur des ténèbres, il fait conduire par des guides sûrs, hors de la portée des soldats de Théodoros, sur la route de Massouah.

Nos marins étaient sauvés ; mais Mgr de Jacobis devait répondre pour eux. Les gens du négus, inquiets pour eux-mêmes, et furieux contre le saint évêque, l'emmenèrent avec eux en se retirant, et le comblèrent en chemin de tant d'outrages, de tant de mauvais traitements, qu'en arrivant à Tokounda, village considérable dont les habitants indignés leur arrachèrent leur pieuse victime, celle-ci semblait sur le point d'expirer.

On prodigua sans succès au saint évêque tous les soins possibles. En désespoir de cause, on le ramena à Massouah où, pensait-on, il pourrait recevoir des secours plus efficaces. Tout fut inutile : Mgr Jacobis expira bientôt, martyr de son dévouement à la France.

Belle et glorieuse mort pour un évêque catholique, et surtout pour un fils de saint Vincent de Paul!....

Mgr de Jacobis est déjà entouré en Abyssinie de cette auréole poétique, qui, sous le nom de légendes, s'attache à tous les nobles caractères, à toutes les vies à la fois pieuses et vaillantes.

Ces légendes ne nous sont pas assez connues pour que nous puissions en rapporter quelques-unes comme nous le désirerions; mais voici un récit qui en a tout le charme, toute la fraîcheur, et qui, émanant en partie du pieux prélat, donnera la plus juste idée possible de son caractère.

Après avoir raconté comment un hôte vénérable, accompagné d'un prêtre catholique indigène, Abba-Emnatu, célèbre par son attachement pour la France, l'avait rejoint dans un site délicieux, sur les bords du clair ruisseau d'Haouéné, pour y faire une collation champêtre, le commandant Russel, à qui nous empruntons ce charmant récit, continue :

« Mgr de Jacobis, qui jusque-là n'avait rien dit et semblait préoccupé, promenait ses regards autour de lui, en dessous et en dessus de nos têtes, comme un homme qui cherche à retrouver dans l'aspect des lieux qui l'entourent le souvenir qu'ils peuvent lui rappeler.

« Je ne me trompe pas, dit-il enfin; un jour, il y a huit ou dix » ans de cela, je voyageais avec un de mes prêtres et deux servi» teurs seulement, sans autres armes que les lances de mes deux » Abyssins. Il était trois heures de l'après-midi, comme aujour-

» d'hui, mais le soleil était plus chaud. Je m'arrêtai : on attacha ma » mule à quelques pas de moi, et je m'assis sur mon tapis, posé à » l'ombre.

» Mes compagnons s'étaient endormis, et j'allais comme eux céder » à la fatigue et à la chaleur, lorsque j'entendis un léger bruit à » quelques pieds au-dessus de nous. J'ouvris les yeux et je vis, » attaché sur moi, le clair et brillant regard d'un lion qui me parut » énorme.

LION

» Réveiller mes pauvres gens, faire un mouvement moi-même, » c'était provoquer l'animal ! Je ne bougeai pas ; je leur donnai l'ab- » solution, je fis mon acte de contrition et je demandai à Dieu de » me sacrifier pour mes compagnons qui ne se trouvaient dans ce » danger que pour m'avoir suivi.

» Il me sembla, en reportant mon regard plus résigné vers le lion, » toujours immobile qu'il avait l'air moins menaçant.

» Après une minute, ou deux peut-être, je n'ose dire le temps que » dura mon angoisse, je le vis s'éloigner majestueusement, gravis-

» sant à pas lents la pente escarpée à notre gauche, car c'était ici
» même, je m'en souviens bien.... »

» .... Ce simple et intéressant récit nous avait tous émus, ajoute le commandant Russel. Et pourquoi ne dirais-je pas l'impression qu'il me laissa ?

» Le lion avait déjeuné, diront les naturalistes ; c'est possible.... Mais j'aime mieux croire à l'intervention divine en faveur de Mgr de Jacobis. »

GOUVERNEMENT. — MŒURS. — USAGES

A la religion près, tout, dit Malte-Brun, se passe en Abyssinie comme en Turquie. Les monarques abyssins, despotes absolus, vendent les gouvernements de leur empire à d'autres despotes subalternes, dont quelques-uns sont parvenus à rendre leurs dignités presque héréditaires; toutefois, ce n'est jamais là un droit, mais simplement le fait d'une pression habile.

Le premier ministre, qui s'appelle *grand vizir* dans le gouvernement de la *Sublime-Porte*, est investi ici du titre de *Ras*.

I

Gouvernement.

La couronne d'Abyssinie, selon Bruce, à qui ses rapports avec les Grecs de Gondar ainsi qu'avec la cour abyssine, avaient permis de recueillir à ce sujet les renseignements les plus exacts et les plus complets, la couronne d'Abyssinie est considérée comme appartenant de droit à une famille particulière qui descend, affirme-t-on, en droite ligne de Salomon et de la reine de Saba, *Négasta-Azab*, c'est-à-dire *reine du midi*.

Toutefois, cette couronne n'est pas héréditaire, mais bien élective dans cette famille, et il n'y a ni loi, ni coutume, qui oblige de la décerner à tel prince plutôt qu'à tel autre.

Le titre, non seulement de fils aîné, mais celui de fils du roi, n'est point un droit. L'usage même lui a été presque toujours contraire.

Quand un roi meurt, si ses fils sont assez avancés en âge pour être en état de régner et qu'ils n'aient point été relégués sur la montagne, un d'entre eux, aidé par les amis de son père et par ses propres partisans, s'empare, il est vrai, du trône; mais si, comme il arrive souvent, la défiance ombrageuse du souverain l'a porté à envoyer ses héritiers sur la montagne, le premier ministre choisit seul le roi, qui passe alors pour avoir été appelé par la nation.

Et comme les désirs et l'intérêt du ministre sont de conserver le plus longtemps possible l'autorité, il a soin de décerner la couronne à un enfant, sous lequel il peut gouverner l'empire à son gré, et dont il prolonge habituellement la minorité pendant sa vie entière.

La plupart des désastres qui ont frappé ce malheureux royaume dérivent de cet inconvénient, lequel cependant est né du désir de doter le pays du mode de gouvernement le plus parfait.

Estimant, en effet, non sans raison, que l'avènement d'un enfant au trône, circonstance qui ne peut manquer de se produire de temps à autre dans l'ordre naturel des successions, amène immanquablement des compétitions et des troubles nuisibles à la prospérité d'un Etat, et pensant, d'autre part, qu'ayant à choisir entre plusieurs centaines de membres de la même famille, il ne tiendrait qu'aux Abyssins d'avoir toujours un monarque dont l'âge et les qualités seraient une garantie de bon gouvernement, les premiers législateurs de l'empire crurent faire acte de sagesse, en réservant au peuple le choix de son souverain.

C'était de plus, leur semblait-il, un moyen sûr de maintenir, conformément aux lois du pays, la couronne dans la descendance de Salomon.

La cérémonie du couronnement est très compliquée, elle se compose de deux parties distinctes : l'onction qui se fait avec de l'huile d'olive versée abondamment au sommet de la tête, et la pose de la couronne.

Cette couronne, qui offre une certaine ressemblance avec une mitre d'évêque, couvre le front, les joues et le cou ; doublée de taffetas bleu, elle est en filigrane d'or et d'argent d'un très beau travail. Une boule de verre rouge, dans laquelle sont placées plusieurs clochettes de diverses couleurs, la surmonte. C'est la pièce la plus précieuse du trésor royal.

Bien que chrétien, le souverain de l'Abyssinie, suivant en cela les usages orientaux et en particulier ceux de la Perse, dont les mœurs et les lois abyssines semblent s'être inspirées, s'est constamment efforcé d'entourer son auguste personne du plus grand prestige.

Autrefois on ne voyait jamais son visage ni aucune partie de son corps, à l'exception du pied qu'il faisait paraître de temps en temps. Il s'asseyait dans une espèce de loge ou balcon dont le devant était garni de jalousies et de rideaux, et en outre, il couvrait son visage toutes les fois qu'il donnait des audiences publiques ou qu'il rendait la justice.

Lorsqu'il craignait quelque trahison — et le fait n'était pas rare, — son balcon était totalement fermé, et il parlait par une ouverture pratiquée de côté à cet effet, à un officier qu'on appelait le *Kal-Hatzé*, — la voix ou la parole du roi — qui transmettait ses paroles aux juges assis autour de la table du conseil.

Déjà, au temps de Bruce, le souverain abyssin commençait à se départir de ce cérémonial, et aujourd'hui, si nous en jugeons du moins par ce que nous savons des habitudes de Théodoros et de celles de son successeur, la personne royale est à peu près accessible aux regards au moins de ses sujets.

« Le roi, continue Bruce, va tous les matins à l'église. Ses gardes prennent alors possession de toutes les avenues et des portes où il doit passer ; et comme il est à pied, personne n'a le droit de l'accompagner que deux de ses chambellans sur lesquels il s'appuie.

» Il baise le seuil et les côtés de la porte de l'église, ainsi que les marches de l'autel ; ensuite, et bien que l'on célèbre quelque office dans l'église ou qu'on n'en célèbre pas, il revient dans son palais devant lequel l'attend une mule brillamment harnachée.

» C'est sur cette mule qu'il monte les degrés de la salle d'audience ; il ne met pied à terre que sur un tapis de perse, devant son trône et sur lequel, ajoute le célèbre voyageur anglais, j'ai vu ladite mule commettre très irrévérencieusement les plus grandes incongruités. »

Tous les matins, avant le jour, un officier appelé le *serach-massery,* s'arme d'un long fouet qu'il fait claquer devant la porte du palais, avec un bruit à faire pâmer de jalousie une vingtaine de postillons français réunis.

Ce tapage a pour but de chasser les hyènes et autres bêtes fauves qui, ainsi que nous l'avons déjà dit, infestent la ville pendant la nuit. C'est de plus le signal du lever du roi.

Le roi se place, à jeun, sur son trône, où il rend la justice jusqu'à l'heure de son déjeuner.

Le monarque choisit lui-même six nobles, auxquels on donne un titre équivalent à celui de *chambellan,* et dont quatre se tiennent toujours auprès de lui. Un septième officier, qui est le chef des six chambellans, s'appelle le *serviteur de la tunique.* C'est lui qui est maître de la garde-robe et premier officier, ou, comme on aurait dit autrefois en France, premier gentilhomme de chambre.

Ces sept officiers, les esclaves noirs et quelques autres personnes servent le souverain dans l'intérieur du palais, et vivent avec lui dans une familiarité à laquelle ne peuvent jamais parvenir le reste de ses sujets, quelques services qu'ils aient d'ailleurs occasion de rendre à l'Etat ou même à la personne du prince.

Les attributs de la royauté sont un cheval blanc dont la tête est parée de clochettes d'argent, un bouclier d'argent et un bandeau de soie blanche ou plus souvent de mousseline qui lui couvre le front, se noue par un double nœud derrière la tête, et dont les bouts flottent sur les épaules.

La hiérarchie des charges et des dignités est très strictement fixée et observée en Abyssinie, comme du reste dans tous les pays où sont en vigueur les lois et les usages féodaux.

Ainsi, dans les conseils, la parole est accordée au dernier officier et passe de l'un à l'autre par rang d'emploi.

Les premiers qui parlent sont les *shalakas* ou colonels des troupes de la maison du roi ; ensuite vient le grand échanson, puis le *badjerund*, c'est-à-dire le garde de l'appartement du palais, appelé la maison du lion; puis le garde de l'appartement où se font les banquets royaux ; après ceux-là vient le *lika-magwass*, c'est-à-dire l'officier qui a coutume de précéder le roi pour écarter la foule et qui, à la guerre, porte l'épée et le bouclier du prince.

Vient ensuite le *palambaras;* puis le *fit-auraris*, puis le *géra-kasmati* et le *kanya-kasmati*, dont les titres dérivent de l'ordre qu'ils occupent dans les campements, l'un étant toujours à gauche et l'autre toujours à droite de la tente du prince (1).

Ensuite vient le second chambellan ; puis le secrétaire des commandements ; puis les *azages* ou généraux de la droite et de la gauche; puis le *rak-massery*, puis le *basha*, puis le *kasmati* du Damot, celui du Samen, celui de l'Amhara, et le dernier de tous, celui du Tigré, devant lequel une coupe d'or est posée sur un carreau.

Le kasmati du Tigré porte le titre de *nébrit*, comme étant gouverneur d'Axoum et gardien du livre de la loi, qu'on suppose, ainsi que nous l'avons dit, y être encore conservé.

Après le gouverneur du Tigré, parle l'*acab-saat*, c'est-à-dire le gardien du feu (2), ou premier ecclésiastique de la maison du roi.

(1) *Kanya* veut dire droite, et *Gera* gauche.

(2) Il nous semble que le mot *feu* doit être pris ici pour *lumière*. Les Abyssins étant chrétiens, le premier ecclésiastique de la cour ne saurait être considéré comme gardien du feu, à la manière des ignicoles, mais comme gardien de la *lumière évangélique* apportée au monde par Jésus-Christ.

On a prétendu que ce haut personnage avait mission de se tenir auprès du roi pendant les repas de celui-ci, et qu'il avait le droit de faire retirer les mets et les boissons de devant le monarque, si celui-ci paraissait disposé à se livrer avec trop d'excès aux plaisirs de la table.

« J'ignore, ajoute Bruce à ce sujet, si tel est en effet le droit de l'*acab-saat,* mais je sais que je ne le lui ai jamais vu exercer, et autant que j'ai pu en être instruit, il ne s'en servait pas davantage sous les prédécesseurs du monarque qui régnait de mon temps. Le roi d'ailleurs ne mange jamais en public, et jamais il n'est servi que par ses esclaves. Si, en certaines occasions, un de ses sujets avait le droit d'assister à ses repas et de contrôler son appétit et sa soif — droit que personne ne possède, j'en suis convaincu, — il y a apparence d'ailleurs, que ce ne serait pas là le moment que le prince choisirait pour s'abandonner à des excès. »

Tout à l'heure nous établissions, en passant, une sorte de parallèle entre les monarques abyssins et persans. Bruce pousse ce parallèle plus loin, et il nous semble qu'il ne sera pas sans intérêt pour nos lecteurs, et surtout pour ceux qui connaissent notre travail sur la Perse (1), de le suivre dans cette voie.

Les rois de Perse, ainsi que les monarques abyssins, devaient être élus, mais sans ordre de primogéniture, dans une seule famille, celle des Arsacides, à laquelle, après son extinction, on substitua celle de Darius.

Les souverains de l'Abyssinie s'intitulent *rois des rois,* et le prophète Daniel nous apprend que Nabuchodonosor s'attribuait le même titre.

Bien que les monarques persans eussent divers palais où ils se rendaient en différents temps de l'année, la capitale de leurs premiers souverains était regardée comme le seul endroit où devait se faire leur couronnement. L'antique cité d'Axoum possède en Abyssinie le même privilège.

(1) *La Perse illustrée*, 1 vol. in-4°, même librairie.

PALAIS DE MONARQUE PERSAN

Une autre cérémonie très remarquable et commune à ces deux anciens peuples, est celle de l'*adoration* qui, de nos jours, est encore très rigoureusement observée en Abyssinie, toutes les fois qu'on paraît en présence du monarque. Il ne suffit pas de fléchir le genou, il faut se prosterner devant lui. Encore y a-t-il, pour lui rendre cet hommage, une formule particulière dont on ne saurait s'écarter : on se laisse d'abord tomber sur les genoux, puis sur les mains, après quoi on incline la tête et le corps jusqu'à ce que le front touche la terre.

Et si l'on a une réponse à recevoir, on reste dans cette posture jusqu'à ce que le roi y mette fin en donnant ordre de se relever.

Telle était aussi la coutume en Perse au temps de Cyrus, et telle est précisément la manière dont le livre de l'Exode dit qu'il faut adorer Dieu.

Mais où cesse le parallèle, c'est dans l'application de cette loi dans les deux pays, eu égard aux étrangers.

Bien, en effet, que le refus de se soumettre à ce cérémonial ait toujours été regardé chez les Abyssins, aussi bien que chez les Perses, comme un acte de rébellion et la plus insigne des insultes faites au monarque, cependant les Abyssins y apportent une distinction que les Perses n'ont jamais voulu admettre (1). Dans certaines circonstances, ils permettent aux étrangers de se dispenser de l'adoration.

Bruce fut témoin d'une de ces exceptions. Un mahométan, envoyé par le chérif de la Mecque en Abyssinie, ayant positivement refusé de rendre au roi d'autre hommage que le plus respectueux des saluts usités dans son pays, lequel consiste à croiser les bras sur sa poitrine et à incliner la tête, la cour de Gondar estima que ce n'était nullement manquer au roi, puisque l'envoyé qui venait à lui ne se présentait pas autrement devant son propre souverain.

(1) Du moins jusqu'à ces derniers temps, où, la Perse s'ouvrant à demi à notre civilisation, ses souverains se familiarisent avec nos mœurs, jusqu'au point de venir visiter nos grandes capitales européennes, ces concessions ont nécessairement apporté de grandes modifications à l'ancien cérémonial dont nous parlons. Les mêmes modifications tendent, assure-t-on, à se produire en Abyssinie, en ce qui concerne les rapports journaliers d'Abyssins à Européens.

En regard de cette tolérance, digne, ce nous semble, de la sagesse de Salomon, et qui, dans tous les cas, témoigne de l'habileté diplomatique de la race éthiopienne, l'histoire mentionne, au compte de la Perse, un exemple entièrement opposé.

L'Athénien Conon ayant été envoyé à la cour d'Artaxerxès pour y régler des affaires également importantes pour les deux pays, le satrape à qui il s'adressa lui dit : « Je puis te présenter au roi immédiatement ; mais tu dois auparavant examiner si tu veux lui parler toi-même, ou si tu préfères lui écrire ce que tu as à lui dire.

» Dans le premier cas, tu seras obligé de te prosterner devant lui et de l'adorer ; dans le second, c'est-à-dire si tu ne veux pas te soumettre à ce cérémonial, estimé dans ton pays comme humiliant, écris une lettre et confie-la-moi. Je me charge de traiter ton affaire aussi promptement et aussi bien que tu pourrais le faire toi-même. »

Conon répondit sagement : « En ce qui me concerne, je ne saurais tenir pour humiliant de rendre hommage à un grand prince dans les formes usitées dans ses Etats ; mais dans la crainte que mes concitoyens, se considérant comme formant un Etat souverain, voient, dans cet hommage rendu par leur ambassadeur, un acte attentatoire à leur dignité et à leur indépendance, je crois prudent de ne pas voir Artaxerxès. »

Et l'affaire se traita par lettres.

Nous disions tout à l'heure que le roi d'Abyssinie n'est point visible quand il préside son conseil. Or, Justus rapporte sur ce même sujet que les rois de Perse, pour donner une plus haute idée de leur dignité, se cachaient avec tant de soin que, du temps de Déjocès, roi des Mèdes, on publia une loi qui défendait, sous les peines les plus sévères, de porter les yeux sur ce monarque (1).

(1) On sait qu'il en est encore de même dans l'Extrême-Orient et notamment en Chine. Il en a été, paraît-il, de même en Abyssinie, jusqu'au moment où la conquête du royaume d'Adel par les Musulmans a donné naissance aux guerres continuelles, qui ont depuis lors désolé cet empire. Les préoccupations résultant de ces guerres ; la nécessité surtout de payer de sa personne et de vivre au milieu des troupes, ont mis nécessairement le visage du prince à découvert, et la

CÉRÉMONIE DE L'ADORATION.

Nous ignorons si cet usage de se voiler la face a été aussi fatal à quelque prince abyssin qu'il le fut, en Perse, à Smerdis, successeur élu du roi Cambyse.

Les mages qui protégeaient Oropaste, frère de Cambyse, ne parvinrent à le faire acclamer roi que parce que, le visage du prince étant voilé, le peuple crut porter Smerdis au trône. Quand la supercherie se découvrit, l'autorité d'Oropaste, reconnue dans tout l'empire, était ce que nous appelons « un fait accompli. »

Nous nous demandions tout à l'heure si l'usage dont il est ici question avait jamais été aussi fatal à un négus qu'il le fut à Smerdis?

Si nous ne pouvons répondre à cette question, nous pouvons affirmer du moins que les Abyssins qui, à un point de vue quelconque, peuvent être rendus responsables du fait que leur souverain est amené à se montrer, ne fût-ce qu'un instant, le visage découvert, sont bien près de voir tomber pour eux les voiles qui leur dérobent les mystères de l'éternité.

C'est Bruce qui parle : « Tandis, dit-il, que nous étions en marche, dans le pays des Gallas, le roi me pria de passer devant lui pour lui faire voir un très beau cheval que j'avais reçu de Fasil et que je lui destinais à lui-même.

» Nous traversions un ravin profond, au-dessus duquel un kantuffa étendait ses branches. J'avais sur les épaules une peau de chèvre blanche que le kantuffa ne m'enleva pas; mais le roi, qui était vêtu d'un habit de paix, ayant ses longs cheveux épars autour de son

coutume de se dérober à tous les regards ne s'est conservée que dans les grandes cérémonies, et quand le roi assemble son conseil.

Le peuple abyssin n'a pas eu à regretter cette modification apportée dans les usages royaux.

On voit, en effet, par l'histoire de ce pays, que souvent l'armée et la nation entière n'ont dû leur salut qu'à la valeur personnelle de leurs monarques et à la manière dont ils s'exposaient dans les combats; ce qui eût été sinon impossible du moins bien difficile, si ces princes avaient conservé l'ancien usage de demeurer invisibles au fond de leur palanquin.

Cependant quand le prince monte à cheval ou qu'il donne audience, il a la tête et le front entièrement couverts, et il a soin de tenir une de ses mains devant sa bouche, de sorte qu'on ne lui voit guère que les yeux.

En un mot, il n'épargne rien pour établir une sorte de compromis entre les anciennes traditions de sa dynastie et les nécessités imposées par la marche du temps et des événements.

visage et enveloppé dans son quârri de mousseline, de façon qu'à peine on pouvait lui voir les yeux, faisait plus d'attention au cheval qu'au kantuffa. Ses cheveux touchèrent d'abord à une branche, et le pli du quârri qui couvrait sa tête fut rejeté sur ses épaules.

» Le secours qu'on lui apporta tout de suite, la promptitude avec laquelle je coupai la branche d'un coup de coutelas, rien n'empêcha le quârri de tomber, et le roi parut avec sa simple robe et ayant la tête et le visage nus devant tous les spectateurs.

» Un semblable accident est considéré en Abyssinie comme un irréparable malheur ; le prince cependant ne s'en montra nullement ému. Il se borna à demander par deux fois, d'un ton de voix assez bas, quel était le shum de ce district.

» Ce shum, malheureusement pour lui, n'était pas loin. C'était un homme très maigre qui paraissait avoir une soixantaine d'années ; son fils, âgé d'environ trente ans, était avec lui.

» Ils accoururent aussitôt et, selon l'usage, se mirent nus jusqu'à la ceinture. Le roi était déjà recouvert. Je ne sais à quoi pensait le vieillard ; peut-être se figurait-il que cette occasion d'approcher le souverain serait pour lui la source d'une bonne fortune inespérée, toujours est-il que, lorsqu'il passa auprès de moi, il souriait à ses pensées.

» Le roi lui demanda s'il était le shum de ce district. Il répondit affirmativement et, sans qu'on le lui demandât, il ajouta que le jeune homme était son fils.

» Il faut que le lecteur sache que, lorsque le roi d'Abyssinie est en marche, il a toujours auprès de lui un officier appelé le *kanitz-kitzera*, c'est-à-dire le bourreau de l'armée, lequel porte à l'arçon de sa selle un *taradé*, ou assemblage de courroies de cuir roulées d'une façon très industrieuse.

» Le roi fit un geste imperceptible de la main ; mais au regard qui accompagnait ce geste, le kanitz-kitzera comprit ce qu'il avait à faire.

» En un clin d'œil deux des courroies du taradé furent déployées et passées autour du cou du shum et de son fils, et les deux malheureux furent hissés au même arbre!... L'escorte royale passa, les laissant ainsi pendus.

» Cette exécution s'était faite si rapidement, je dirais presque si sommairement, que la mort dut se faire attendre au moins un certain nombre de minutes. Une fois le roi éloigné, il eût été aisé aux compatriotes du malheureux shum de couper la corde, et de lui sauver ainsi la vie, à lui et à son fils; mais telle est la crainte qu'inspirent les négus à leurs sujets, que, hors le cas où ceux-ci se révoltent et prennent ouvertement les armes contre lui, ses actes les plus tyranniques sont subis sans que nul ose en paraître même révolté.

» Cet événement, continue Bruce, m'impressionna plus que je ne saurais le dire. Bien que le roi aimât à voir couler le sang dans les combats, il était généralement peu porté à la cruauté. C'était la première fois que je le voyais ôter la vie à quelqu'un par la main du bourreau. Et pourquoi? pour un voile enlevé par une branche d'arbre! »

Telles sont les mœurs éthiopiennes! Telle est la justice des négus!

.... Revenons à notre parallèle. Un des usages les plus singuliers de l'Abyssinie est celui qui consiste, au dire de Bruce, à maintenir devant les portes et les fenêtres de la demeure royale une foule de gens qui pleurent, se lamentent et, dans tous les différents idiomes parlés dans l'empire, réclament à grands cris justice.

Dans un pays aussi mal gouverné et constamment exposé aux désastres qu'amène la guerre, on peut imaginer qu'il ne manque pas de gens qui ont ainsi occasion de se plaindre; mais, ce qui est curieux, c'est que, lorsqu'il ne se trouve pas assez de ces réclamants, comme par exemple pendant la saison des pluies, où l'on a peine à s'approcher de la capitale, et où il est d'ailleurs presque impossible de se tenir dehors, on paie des bandes de pauvres gens pour crier et se lamenter comme s'ils avaient de véritables griefs à exposer à leur souverain.

Cet usage est, dit-on, établi pour l'honneur de la majesté royale, et afin que le prince ne soit pas exposé à être abandonné dans son palais à une tranquillité oiseuse.

« Pour moi, continue Bruce, j'avoue que, de toutes les coutumes que j'ai observées dans ce pays, c'est celle qui m'a paru la plus absurde et la plus insupportable. Aussi, quand le roi, qui connaissait ma façon de penser à cet égard, n'avait rien de mieux à faire, il s'amusait à mes dépens d'une façon plus bizarre que royale.

» Dans la saison des pluies, j'avais coutume de m'enfermer assez souvent chez moi pour travailler à la rédaction de mes notes. Il m'arrivait parfois alors d'entendre tout à coup quatre à cinq personnes qui, avec des cris et des gémissements, imploraient ma protection, comme si elles étaient, les unes accablées de la plus vive douleur, les autres prêtes à subir la mort, d'autres même au moment d'expirer. Cet horrible concert était si bien exécuté, qu'en dépit de ma juste défiance je ne pouvais me persuader que ces plaintes ne fussent pas l'expression de très réelles souffrances.

» J'ordonnais alors aux sentinelles que, pour me faire honneur et aussi pour ma sécurité, le négus avait voulu qu'on plaçât à ma porte, d'introduire quelqu'un de ces malheureux. Il se trouvait presque toujours que c'était quelqu'un de mes gens ou quelque domestique connu, ce qui me mettait fort en colère. Si par hasard, ayant à faire à un étranger, je lui demandais ce qui l'affligeait si fort et en quoi je pouvais le soulager, il me répondait froidement de ne point me préoccuper pour si peu.

» Ayant appris, ajoutait-il, que j'étais retiré chez moi, il était venu se plaindre sous mes fenêtres aux yeux du peuple, afin de me *faire honneur,* et empêcher, en outre, que je m'abandonnasse à la mélancolie.

» Il ne manquait pas de clore son discours en me demandant à boire, non pas, comme on pourrait le penser, pour le récompenser de la singulière aubade dont il m'avait gratifié, mais afin, disait-il, de lui donner de la force pour recommencer ses lamentations avec plus de vigueur.

» Des aventures de ce genre me mettaient, je l'avoue, hors de moi, et je ne dissimulais pas ma colère, ce qui, rapporté au roi, le faisait rire aux larmes.

» On m'a même assuré qu'à plusieurs reprises, et afin d'être témoin lui-même de ma fureur, il s'était tenu caché aux environs de ma demeure pendant que se passaient ces scènes tragi-comiques.

» Que ces plaintes soient fondées ou feintes, elles se terminent invariablement par cette espèce de refrain : *Rete o jan hoï!* Ces mots qui, dans la langue abyssine, signifient : *Rends-moi justice, ô mon roi!* quand ils sont prononcés très vite, peuvent s'entendre : *Prête janni!* surnom qui est donné en Europe au roi d'Abyssinie. »

Ici encore se rencontre une remarquable analogie entre les usages des Perses et ceux des Ethiopiens. Hérodote, en effet, rapporte que, chez les Perses, le peuple accourait en foule autour du palais pour gémir et se plaindre. On sait que ce fut de cette façon que Mardochée fit parvenir aux oreilles du roi ses griefs contre Aman.

Nous avons parlé des conseils qui se tiennent en Abyssinie et auxquels le roi assiste invisible. Aussitôt que l'officier, par l'organe duquel il donne son avis, commence à parler, tout le monde se lève pour l'écouter, et si le roi y assiste ouvertement, tout le monde doit se tenir debout tout le temps de la séance.

Dans ces conseils, le prince se range tantôt du côté de la majorité, tantôt du côté opposé. Dans un cas comme dans l'autre, et bien qu'il soit expressément établi par les lois du pays que les décisions seront prises à la pluralité des voix, le roi jouit du privilège d'assurer la prépondérance au parti qui obtient son suffrage.

Il y a là évidemment une usurpation flagrante de l'autorité souveraine sur les dispositions primitives de la constitution du pays.

Le même fait s'était produit chez les Perses, ainsi qu'en fait foi un des épisodes bien connus du règne de Xerxès. « Ce prince, dit Hérodote, sur le point de déclarer la guerre aux Grecs, assembla les principaux chefs de l'Asie et tint conseil avec eux : « Je vous ai fait venir, » leur dit-il, afin que l'on ne pense pas que j'agis d'après ma seule » opinion; mais je suis bien aise de vous dire en même temps, que » votre devoir est de vous conformer à mes volontés plutôt que de

» chercher à me donner des conseils ou à me faire des remon-
» trances. »

Si, de la comparaison des lois et usages auxquels étaient soumis les souverains des deux pays, nous passons à celle des ornements et à la manière de se parer de ces princes, nous trouverons les mêmes similitudes.

Le monarque abyssin porte les cheveux longs, et les anciens rois de Perse les portaient de même, ainsi qu'il résulte de l'anecdote suivante : Durant la guerre des Romains contre les Perses, il apparut une comète que les Romains regardèrent comme un présage funeste; Vespasien se hâta de les rassurer : « Si elle annonce quelque malheur, dit-il en riant, ce ne peut être qu'au roi de Perse, puisqu'elle a, *comme lui*, une longue chevelure. »

Le diadème ou bandeau blanc, qui est en Abyssinie l'attribut de la royauté (1), était chez les Perses fait et porté de la même manière, ainsi qu'il résulte de la description qu'en fait Lucien, et du nom qu'il lui donne de « bandeau blanc posé sur le front. »

Le trône du roi d'Abyssinie était autrefois en or massif ; il avait la forme d'un carré long assez semblable à celle de nos canapés, et on le recouvrait de tapis de perse, de pièces de damas et autres étoffes brochées en or. On y accédait au moyen de marches placées en avant. Les besoins de la guerre ont fait diminuer sa magnificence; néanmoins, il est encore assez richement orné pour qu'on puisse à bon droit le considérer comme un objet très remarquable de l'art éthiopien.

(1) Les rois d'Abyssinie ne manquent jamais, quand ils sont en marche, de porter ce diadème qu'il ne faut pas confondre avec la couronne, laquelle ne sert que dans les grandes cérémonies, et cela, non seulement comme une marque distinctive de leur rang, mais parce qu'ils en sont bien moins incommodés sous leur ciel de feu, qu'ils le seraient d'un ornement plus pesant.

Ainsi que nous l'avons dit, ce bandeau est posé sur le front et noué derrière, de manière que le sommet de la tête reste à découvert.

Aucun Abyssin ne pourrait mettre quelque chose de blanc sur la tête, sans faire un sanglant outrage au monarque. Les prêtres cependant font exception ; ils ont coutume de porter de grands turbans de mousseline. De même, les Mahométans qui, coiffés du fez traditionnel, enroulent antour des turbans blancs.

Tous les autres Abyssins sans distinction d'âge et de classe, marchent la tête constamment nue, de même que tous, et en ceci le roi lui-même ne fait pas exception, sont pieds nus, même à cheval ; le gros orteil seul repose sur l'étrier.

En outre de ce trône qui ne quitte point le principal de leurs palais, les rois abyssins en ont un autre qui est portatif. C'est une sorte de tabouret assez semblable aux chaises curules que l'on voit représentées sur les médailles romaines. Ce tabouret, qui autrefois était en or, n'est plus aujourd'hui qu'en bois précieux, incrusté de ce métal.

TRÔNE ROYAL PERSAN

Or, on se souvient que les anciens historiens, quand ils parlent de Xerxès, assistant à je ne sais plus quel combat naval, le représentent assis « sur un tabouret d'or, qui lui sert de trône. »

On considère en Abyssinie comme crime de haute trahison le fait de s'asseoir non seulement sur le trône royal, mais sur n'importe quel siège affecté à l'usage du souverain. Quiconque le ferait serait sûr, à moins que son état de folie fût bien constaté, d'être mis en pièces par les témoins de ce qu'on appellerait son sacrilège audacieux.

Cette même prohibition existait en Perse, ainsi qu'il résulte du trait suivant rapporté par les historiens d'Alexandre. Un jour que la température était extrêmement rigoureuse, ce prince s'était assis devant un grand feu, lorsqu'il vit, à quelques pas de lui, un soldat à qui le froid avait fait perdre connaissance. Il alla à lui, et le guidant vers son propre siège, il l'y fit asseoir. Quand le soldat reprit ses sens, il témoigna, en se voyant sur le siège du roi, une grande frayeur.

Alexandre le rassura : « Compare, lui dit-il, mon gouvernement à celui des anciens rois de la Perse, et vois combien il est plus favorable au peuple. En t'asseyant sur mon siège, tu as sauvé ta vie; si tu t'étais assis sur le leur, tu l'aurais infailliblement perdue. »

Une des lois fondamentales de l'Etat déclare impropre à régner tout prince de la famille royale d'Abyssinie, qui a quelque difformité ou quelque défaut corporel; aussi, s'il arrive que quelqu'un des princes, relégués par la défiance du souverain sur la montagne, s'échappe de cette amba, qui n'est autre qu'une prison déguisée, aussitôt qu'il est repris, on le soumet à une mutilation quelconque, de manière à le rendre incapable de régner.

Les Perses avaient, et les Persans ont encore la même loi. Procope dit formellement que Zamès, fils de Cabadès, fut exclu du trône parce qu'il était borgne. De plus, l'usage, en vigueur jusqu'à ces derniers temps en Perse, de crever les yeux aux princes dont on pouvait craindre la compétition au trône, n'avait d'autre but que de les rendre par ce fait même impropres à y jamais monter.

Les rois de Perse, comme ceux d'Abyssinie, se sont toujours montrés si passionnés pour la chasse, que ce passe-temps a été réputé dans les deux pays « plaisir royal, » de telle sorte que, pendant les chasses royales, il était défendu, sous les peines les plus sévères, de frapper le gibier avant que le roi lui eût lancé son dard. Artaxerxès-Longue-main abolit dans ses Etats cette coutume qui devait se perpétuer bien longtemps encore en Abyssinie, puisque ce n'est qu'au commencement du XVIIe siècle que le roi Yasous le Grand l'y a supprimée.

Comme les anciens rois de Perse, les souverains de l'Abyssinie sont au-dessus de toutes les lois. Ils jouissent d'une autorité sans bornes, aussi bien en affaires ecclésiastiques qu'en affaires civiles. Toutes les terres de leur royaume et la personne même de leurs sujets leur appartiennent, parce que tout Abyssin naît esclave du prince. S'il jouit ensuite de quelque rang dans la société, ce n'est jamais que par don du monarque et non à cause de ses parents, dont la position ne lui est comptée pour rien.

Tout est matière à privilèges pour le monarque, tout, même ce qui est en tous lieux la base à peu près uniforme de l'alimentation, pour le pauvre comme pour le riche, le pain.

On fait en Abyssinie différentes espèces de pain, parce qu'on y cultive, comme nous l'avons dit, plusieurs espèces de céréales, et que, en plus, la qualité de ces céréales varie énormément dans chaque espèce.

Le roi d'Abyssinie mange, comme tous les grands de son empire, du pain de froment, mais non pas de toutes sortes de froment. Il a son froment à lui, un froment particulier qu'on récolte dans une certaine province et qu'on désigne sous le nom de « la nourriture du roi. »

Il en était de même chez les Perses. Hérodote dit que leur roi ne mangeait que du pain de froment, et Strabon ajoute que ce pain était fait d'un froment particulier.

Les monarques abyssins jugent souvent eux-mêmes les hommes accusés de crimes capitaux, et en général, leurs jugements sont plutôt indulgents que sévères.

Jamais ils ne condamnent pour un premier crime à la peine de mort, à moins cependant qu'il ne s'agisse d'un parricide ou d'un sacrilège.

En général, les précédents de l'accusé sont mis en balance avec la faute qu'il a commise, de sorte que, s'il a été plus utile à l'État, s'il a rendu plus de services à ses semblables par sa conduite passée, qu'il ne leur a nui par le mal qu'il vient de faire, il peut être sûr, si le roi juge seul, d'être absous.

Hérodote vante le même usage établi chez les rois de Perse, et voici l'exemple qu'il rapporte à ce sujet : « Darius, dit-il, avait condamné Sandocès, un des juges suprêmes de son empire, à mourir crucifié pour s'être laissé corrompre par des présents et avoir rendu un faux jugement.

» Sandocès était déjà attaché sur la croix, quand le roi, se rappelant tous ses services avant de se rendre coupable de ce crime, le seul qu'il eût commis, se repentit de l'avoir condamné; il le fit détacher de la croix et lui accorda sa grâce. »

Dans toutes leurs expéditions, les rois de Perse se faisaient suivre par des juges; c'est ainsi que, lorsque Cambyse était en Egypte, les juges qui l'accompagnaient condamnèrent à mort deux des principaux d'entre les Egyptiens pour chacun des Perses que les habitants de Memphis avaient tués.

De même six juges accompagnent le roi d'Abyssinie quand il entre en campagne, et tous les rebelles, pris les armes à la main, sont jugés sur-le-champ par eux.

Dans les deux pays que nous comparons, les personnes distinguées par la faveur du monarque ou illustrées par quelque action d'éclat, ont toujours été décorées par le souverain de chaînes d'or, d'épées et de bracelets. En Abyssinie, ce sont là surtout les récompenses des services rendus à la guerre.

A ces récompenses, la munificence du roi joint souvent le don d'une sorte de majorat, composé de territoires plus ou moins vastes, et comprenant la possession des villages et même des villes qui s'y trouvent situées.

De plus, un voyageur de distinction, tel par exemple qu'était Bruce, ne demandant pas de secours pécuniaires, et n'ayant même pas besoin qu'on pourvoie directement à ses besoins journaliers, est ordinairement pourvu de quelques villages, qui lui fournissent, sans qu'il ait d'autres déboursés à faire que les petits cadeaux, que sa générosité lui suggère d'offrir de temps à autre à ses pourvoyeurs, tout ce que le pays offre de meilleur pour la subsistance et pour les aises de la vie.

Laissons à ce sujet la parole au célèbre voyageur : « Lorsque je fus admis, dit-il, au nombre des officiers du roi, j'eus les différents villages appartenant aux postes que j'occupais, parmi lesquels il y avait

MEMPHIS

le petit village composé d'environ dix-huit maisons, et appelé *Geesh*, où naissent les sources du Nil (1). Je le demandai expressément, et le

(1) On sait que Bruce fait ici erreur, il confond la source du Nil Bleu avec celle du Nil Blanc ou vrai Nil, ainsi que nous l'avons indiqué plus haut.

roi me l'accorda, au lieu d'un autre village plus considérable que j'aurais pu avoir pour me fournir du miel.

» .... J'étais un bon maître qui ne cherchait point à ruiner ses vassaux, et heureusement pour la tranquillité et la fortune de ceux-ci, dans le commandement de la cavalerie qui m'avait été attribué, j'avais pour lieutenant un officier dont les pensées étaient plutôt tournées du côté de Jérusalem et du Saint-Sépulcre (1), que vers les produits que pouvaient lui valoir les places qu'il occupait en Abyssinie. »

Thucydide nous apprend que, lorsque Thémistocle s'établit à Magnésie, Artaxerxès lui donna cette ville pour lui fournir son pain, *Lampsaque* pour son vin, et *Myuns* pour ses autres provisions de bouche.

A ces trois villes, Athènes en joignit deux autres, *Palæfcepsis* et *Percope,* destinées à fournir des vêtements à l'illustre exilé.

On vient de voir que, de nos jours, les Abyssins agissent exactement de même avec les étrangers qu'ils croient être d'un rang distingué; car pour les vagabonds, pour les Grecs par exemple, qui arrivent chez eux sans moyens de subsister par eux-mêmes, sans appuis, sans recommandations, on les traite en mendiants, et ils ne tarderaient pas à périr de misère s'ils ne travaillaient d'abord, et s'ils ne s'adonnaient ensuite à toutes sortes de basses intrigues, par le moyen desquelles ils se soutiennent et arrivent même parfois à se créer une bonne position. Toutefois il est fort rare qu'ils obtiennent la confiance et l'estime publiques.

D'après les lois éthiopiennes, quand un accusé est condamné à la peine de mort, il n'est point reconduit en prison, mais mené tout de suite au lieu du supplice, ceci afin de lui éviter un délai, dont les angoisses sont estimées pires que la mort même. Tel était, au témoignage de Xénophon et surtout de Diodore de Sicile, l'usage des Perses.

(1) La grande dévotion des Abyssins a toujours été le pèlerinage des saints lieux, auquel les convient, en dehors même de leur foi chrétienne, les antiques traditions de leurs ancêtres. Non seulement c'est en Judée, en effet, qu'a vécu et qu'a été crucifié le divin Maître, mais c'est là que, bien des siècles auparavant, a pris naissance la dynastie qui n'a cessé de les gouverner depuis. Le souvenir de Salomon, le vrai fondateur de leur puissance, se joint donc à celui du divin Sauveur, pour leur rendre les saints lieux chers et sacrés.

A. DE GAUDIN

BORDS DU NIL

Le principal supplice en Abyssinie est le crucifiement; or, on n'ignore pas qu'Assuérus fit attacher Aman sur une croix où il expira. De plus, Cicéron rapporte que Polycrate, tyran de Samos, périt du même supplice par ordre d'Orætis, l'un des généraux de Darius.

Un supplice plus terrible encore consiste à écorcher vifs les condamnés. Un exemple de cette mort épouvantable fut donné, vers la fin du siècle dernier, dans des conditions vraiment effrayantes. Le brave Woosheka, fait prisonnier pendant la campagne de 1769, périt ainsi, à la requête formelle de la reine Osoro-Esther qui, toute sensible et douce qu'elle était, voulut tirer cette vengeance de la mort de son époux, tué au cours de cette campagne.

Or, il est connu que l'hérétique Manès fut écorché vivant par ordre du roi de Perse, et qu'on fit une sorte d'outre ou de grande bouteille avec sa peau. Telle fut aussi la fin du célèbre Basicius, condamné par Pacurius, et dont la peau, toujours sous cette même forme d'outre, fut suspendue à un arbre, comme avis posthume donné à quiconque méditerait d'imiter le coupable.

Un autre genre de supplice, autrefois fort répandu en Orient, est la lapidation. Ce supplice est ordinairement réservé aux étrangers, à ceux surtout à qui on a à reprocher une propagande religieuse.

Les annales des missions en offrent plusieurs preuves. C'est ainsi, entre autres, que périrent les prêtres catholiques, qui furent arrêtés et martyrisés à Gondar, un peu avant que Bruce habitât cette ville. La capitale abyssine conservait, il y a peu d'années, et conserve probablement encore, dans quelques-unes de ses rues, des espèces de petits tumulus formés par les pierres jetées aux victimes, et sous lesquelles les saints martyrs sont restés ensevelis.

Or, Ctesias rapporte que Parogasus fut lapidé en Perse, par ordre du roi, et que Pharnacyas, l'un des meurtriers de Xerxès, fut puni de la même manière.

Parmi les châtiments qui, par ordre de rigueur, suivent en Abyssinie la peine de mort, on doit placer l'usage barbare d'arracher les yeux aux coupables. C'est ordinairement la peine infligée aux rebelles, et on l'exécute avec une cruauté froide qui donne le frisson, rien qu'en y pensant : les yeux sont violemment tirés de l'orbite avec des pinces de fer.

Il semble qu'une opération de ce genre devrait, la plupart du temps, entraîner la mort, il n'en est rien cependant ; la cicatrisation se fait bien et rapidement, et la santé générale est rarement atteinte.

Xénophon nous apprend que ce supplice était celui auquel Cyrus condamnait d'ordinaire les coupables qu'il avait à juger, et les auteurs anciens rapportent que Sapor, roi des Perses, ayant fait Arsace prisonnier, le bannit, après lui avoir fait arracher les yeux.

De plus, on sait que les souverains de la Perse ont toujours eu et ont encore la coutume de faire arracher les yeux aux princes de sang royal, dont ils pourraient craindre soit pour eux-mêmes, soit pour leurs héritiers, la compétition au trône.

Un usage épouvantable, qui, au dire de Quinte-Curce, existait en Perse du temps de Darius, consiste en Abyssinie à exposer, sur les places publiques et sur les grands chemins, les corps des suppliciés, lesquels restent là jusqu'à complète décomposition, sans que personne ait le droit, ou veuille prendre la peine, de rendre à la terre ces restes informes.

Du temps de Bruce, et telle est l'immobilité des usages et des mœurs chez les peuples africains, que nous sommes disposés à croire qu'il en est toujours de même, les rues de Gondar étaient pavées de membres et de *carcasses* (*sic*) de ces malheureux, qui y attiraient chaque nuit, et bien plus encore que les détritus de l'alimentation journalière des habitants, la multitude d'animaux féroces dont nous avons parlé.

Et, détail horrible, fourni également par Bruce, les chiens s'emparent souvent de quelques-uns de ces membres humains, qu'ils charrient aussitôt dans les cours des maisons et jusque dans les appartements, pour les y ronger à l'aise....

Tirons un voile sur ces tristes scènes, que nous n'avons rapportées que pour faire comprendre à nos lecteurs toute l'étendue du rôle civi-

PERSAN

lisateur qui est réservé à la nation européenne, dont l'influence obtiendra la prépondérance dans le pays qui nous occupe.

Espérons que ce pays sera la France. Aussi bien la mission de rénovation sociale et religieuse, dont l'heure est évidemment venue pour l'antique Ethiopie, est-elle tout particulièrement dans les notes de nos traditions, de nos habitudes, et, disons-le bien haut à notre honneur, de notre caractère national.

.... Si nous revenons au parallèle que nous avons établi entre les deux plus anciennes — l'Egypte exceptée, — et les plus grandes nations de l'Asie et de l'Afrique, — parallèle dont nous supprimons plusieurs points intéressants, mais qui nous entraîneraient trop loin, — nous pourrions être tentés de conclure que l'Abyssinie a dû être primitivement peuplée par une colonie venue de Perse.

Il n'en est rien cependant, ainsi que le prouvent les divergences marquées qui, comme races humaines, existent entre les deux peuples.

Mais la lumière qui en ressort et qui a, en histoire, aussi bien qu'en ethnographie, une importance marquée, ne mérite pas moins d'être recueillie et examinée, d'autant qu'à ce nouveau point de vue l'Abyssinie et son histoire prennent une importance capitale.

Les usages que nous avons ici attribués aux seuls Perses, parce que c'est chez eux surtout qu'ils s'étaient conservés, lorsque s'est allumé le flambeau de l'histoire, ont été évidemment communs à tous les anciens peuples de l'Orient, parmi lesquels ils furent successivement abolis par les conquérants barbares qui, en avançant dans leurs migrations successives, substituèrent partout où ils s'établirent leurs usages à ceux des peuples vaincus.

La Perse d'une part, et l'Abyssinie de l'autre, seraient restées ainsi les deux seules nations dépositaires des traditions primitives de l'humanité (1).

En Abyssinie, comme en Perse d'ailleurs, ces traditions se sont

(1) Nous ne parlons pas de l'Inde, ni des pays indo-chinois, dont le caractère naturel et la civilisation offrent, par suite peut-être des différences de races et surtout des différences de religions, des traits tout à fait à part.

d'autant plus fidèlement conservées, qu'elles sont écrites et surtout écrites sur parchemin (1).

L'histoire, en parlant des antiques civilisations de l'Asie, dont l'étude a été et est plus que jamais l'objet de tant de travaux et de recherches, n'a pu dérober aux ravages du temps que quelques fragments du tableau de leurs mœurs ; tandis que ce tableau existe presque intact en Abyssinie, dont les populations, toujours en proie aux guerres intestines, mais jamais, jusqu'à ces derniers temps du moins, en butte aux guerres étrangères, ont pu conserver les mœurs qui leur étaient communes avec le reste de l'Orient.

Considérées sous cet aspect, l'histoire de l'Abyssinie et surtout l'Abyssinie elle-même réservent, croyons-nous, à la science, de singulières et curieuses surprises. Retrouver, en effet, vivant l'original, que l'on croyait disparu depuis des siècles, d'un portrait à peine esquissé, n'est pas une bonne fortune à dédaigner pour ceux qui se sont donné la tâche de rétablir, dans toute leur exactitude, les traits principaux de ce portrait.

(1) Il y a ici encore à noter un point de ressemblance entre ces deux nations. Bien que les Abyssins aient eu de tout temps des rapports fréquents avec l'Egypte, ils ne paraissent pas avoir jamais fait usage du papyrus qui cependant croît en quantité dans leurs contrées marécageuses. A l'imitation des Perses, ils se sont toujours servis, et ils se servent encore de peaux d'animaux, tannées et préparées dans ce but. On sait que les Juifs suivaient le même usage.

II

Mœurs. — Usages.

Il ne faudrait pas croire cependant que ce mot civilisation, que nous avons à plusieurs reprises appliqué au peuple éthiopien, implique ces raffinements de mœurs, ces délicatesses d'habitudes, ce luxe journalier, dont l'image s'associe chez nous à la même expression.

Ce serait pour celui qui entreprendrait le voyage d'Abyssinie une bien cruelle déception s'il s'imaginait rien de semblable.

Dans la vie des peuples, aussi bien que dans celle des individus, chaque âge a son caractère propre, et vouloir comparer ce que l'on appelle les civilisations anciennes avec la civilisation moderne, ce serait se heurter aux différences, — différences bien plus nettement accusées encore — qui existent entre les désirs, les joies et les peines d'un enfant et ceux d'un homme arrivé à la pleine maturité de l'âge.

Les Abyssins, dans les habitudes de leur vie privée, se présentent à nous comme de vrais barbares, et, à certains égards, ils ne sont pas autre chose, ce qui ne les empêche pas d'avoir été de beaucoup nos devanciers dans cette voie de la civilisation dans laquelle nous avons fait de si rapides progrès, tandis qu'ils y demeuraient déjà stationnaires avant même que nous y entrions.

Il en est de même de tous les peuples orientaux, de sorte qu'à l'opposé de la loi naturelle, qui ne permet pas à un cours d'eau, quelles que soient son importance et sa force, de jamais remonter vers sa source, ces arts, ces sciences, cette vie sociale et policée en un mot, qui a eu chez eux son berceau, et qui est venue se continuer et se compléter chez nous, est en voie aujourd'hui, grâce aux rapports de plus en plus faciles et intimes entre l'Europe et l'Asie d'une part, et entre l'Europe et l'Afrique d'autre part, de revenir à son point de départ, afin d'y payer au centuple le bienfait de sa naissance.

Nous venons de parler des *usages barbares* de la vie journalière en Abyssinie. Un de ces usages, et peut-être même celui de ces usages qui révolte le plus la délicatesse européenne, consiste en la façon de manger la viande non seulement à demi cuite, mais souvent entièrement crue et toute pantelante encore.

Bruce entre à ce sujet dans des détails que nous allons reproduire. Nous n'aurions osé nous y hasarder cependant, si M. de Rivoyre, dans son récent séjour parmi les Abyssins, ne s'était trouvé convié, lui aussi, aux mêmes sanglantes agapes.

Après avoir, semble-t-il, hésité à aborder ce sujet, Bruce entre ainsi en matière :

« Comme l'objet de mon ouvrage est, dit-il, de décrire les mœurs et les coutumes tant bonnes que mauvaises, que j'ai eu occasion d'observer, je ne puis me dispenser de tracer le tableau de ces banquets dignes de Polyphème, de ces fêtes sanglantes où les Abyssins mangent de la chair presque vivante....

» Dans la capitale, où chacun est en tout temps à l'abri de toute surprise, ou dans la campagne, dans les villages, quand des pluies constantes inondent les vallées, au point qu'il est impossible de les traverser, même à cheval, sans s'exposer à être emporté par un de ces torrents soudains et passagers, qui s'élancent à l'improviste du sommet des montagnes, et roulent leurs ondes furieuses où jamais n'exista le lit même d'un simple ruisseau ; alors, en un mot, que, l'épée et le bouclier étant suspendus au repos, on peut se dire vraiment chez soi, il est d'usage de se réunir entre amis, tant hommes que femmes, pour festoyer ensemble.

» On dresse dans une grande salle une immense table, qu'on entoure de bancs sur lesquels s'asseyent les convives (1). Quand le nombre de

(1) L'usage des tables et des bancs a été introduit en Abyssinie par les Portugais. Autrefois, comme on le fait encore aujourd'hui à l'armée et dans la plupart des campagnes, on ne se servait que de cuirs de bœufs qu'on étendait par terre, et sur lesquels on se couchait à demi.

ceux-ci est au complet, on amène à la porte de la salle une vache ou un taureau, suivant que la compagnie est distinguée et nombreuse; ensuite, et quand on a solidement garrotté la bête, on lui fend la peau

HUTTES ABYSSINES

qui lui pend sous la gorge et que nous appelons *fanon;* mais on la fend de manière à n'arriver qu'à la partie grasse qui compose ce fanon, et à se contenter de percer quelques petites veines d'où l'on fait couler à terre cinq à six gouttes de sang seulement.... Quand on croit avoir satisfait à la loi de Moïse (1), en répandant ainsi à terre quelques gouttes du sang de l'animal, on se garde bien de le tuer; on fait en sorte, au contraire, de le maintenir en vie jusqu'à ce qu'on ait achevé d'en dévorer les chairs.... Deux ou trois des assistants, les plus adroits et les plus officieux, se mettent à leur sanglante besogne; ils commencent par soulever la peau de la malheureuse victime de chaque côté du dos; ensuite, enfonçant leurs doigts entre cuir et chair, ils l'écorchent jusqu'à moitié des côtes et sur la croupe. Coupant la peau dans les endroits où ils seraient gênés pour la lever, ils dépècent la viande sans toucher aux os, et les mugissements douloureux de la pauvre bête sont le signal auquel on se met à table.

» Au lieu d'assiettes, on place devant chaque convive des gâteaux ronds de l'épaisseur d'environ un demi-travers de doigt. C'est une espèce de pain sans levain, d'un goût un peu aigre, mais agréable et facile à digérer. On le fait avec du teff. Il est de différentes nuances, tantôt bis et tantôt très blanc. Il y a communément deux ou trois de ces gâteaux devant chaque convive, avec quatre ou cinq pains bis ordinaires, dont les maîtres se servent seulement pour s'essuyer les doigts pendant le dîner, et que les esclaves mangent ensuite.

» Dès que les maîtres sont assis, trois ou quatre serviteurs s'avancent, portant dans leurs mains un grand morceau de chair crue et saignante qu'ils posent sur les gâteaux de teff, lesquels servent à la fois de plats et de nappe. Chaque homme tient à la main le large coutelas qui lui sert à la guerre, et les femmes ont de mauvais petits couteaux, à peu près semblables à ceux que l'on vend deux ou trois sous dans nos foires de village.

» Les convives sont toujours placés de manière qu'un homme se trouve assis entre deux femmes, chaque homme coupe un morceau de viande de la dimension de ce que nous appelons en France une large entrecôte, et, en suivant le mouvement du couteau, on distingue

(1) Les chrétiens d'Abyssinie, ainsi que les cophtes, ont conservé plusieurs prescriptions de ce genre de la loi mosaïque.

PAYSAGE ABYSSIN

facilement dans ces morceaux de viande le tressaillement des fibres et des esprits vitaux.

» Sauf en campagne, où le proverbe français, *à la guerre comme à la guerre,* semble leur être connu, et les affranchit de toute sujétion aux usages reçus, les Abyssins un peu au-dessus du commun ne touchent jamais à leur manger. Ce sont les femmes placées à leur côté qui prennent la viande, la coupent d'abord par aiguillettes de la grosseur du petit doigt, et ensuite en morceaux carrés qu'elles couvrent de sel et de poivre noir de la même espèce que le poivre de Cayenne (1), et qu'elles enveloppent dans un morceau de pain de teff.

» Les hommes, qui ont alors remis leurs coutelas à leur ceinture, appuient leurs mains sur les genoux de chacune de leurs voisines, se tiennent le corps penché, la tête avancée, et la bouche ouverte, absolument comme des idiots, se tournant tantôt à droite, tantôt à gauche vers les mains qui leur présentent le morceau, et qui les empâtent si bien, qu'un étranger présent à cette singulière mise en scène, craint à chaque instant de les voir étouffer.

» Mais qu'importe, c'est là un des attributs de la grandeur, et chacun tient à honneur de le revendiquer. Celui qui avale les plus gros morceaux et qui fait le plus de bruit en les mâchant, est regardé comme le type le plus parfait du savoir-vivre.

» Les Abyssins ne boivent jamais en mangeant, mais seulement à la fin de leurs repas. Quand ce moment est arrivé, c'est-à-dire quand il estime être suffisamment repu, notre grand seigneur roule deux ou trois petits morceaux de viande semblables à ceux qu'on lui a servis, et les présente des deux mains à ses deux voisines qui ouvrent la bouche toutes les deux à la fois. C'est pour lui le moyen de dire qu'il a fini, et de témoigner sa gratitude à ses obligeantes pourvoyeuses.

» Alors, et pendant que celles-ci, se servant elles-mêmes, mangent à leur appétit, on lui présente à boire dans une grande et belle corne.

» Lorsque les femmes ont achevé de manger, tout le monde boit à la

(1) M. de Rivoyre parle aussi d'une espèce de sauce faite avec du poivre rouge, qui sert au même usage.

ronde en chantant : *Vive la joie et la jeunesse!*... La gaîté devient de plus en plus expansive et bruyante, et il est rare que la fête s'achève sans que quelque querelle éclate.

» Pendant ce temps, la malheureuse victime, qu'on a déchirée et dévorée en partie, saigne toujours, mais saigne peu à la porte de la salle du festin, parce que, tant qu'on peut enlever de viande sans toucher aux os, on ne coupe ni les cuisses, ni aucune des parties où sont les artères.

» Il faut cependant en venir là, et peu après que l'animal a fini de perdre son sang, sa chair devient si coriace que ceux qui ne sont point encore rassasiés, sont obligés d'en arracher les restes avec les dents, et de la dévorer comme de vrais chiens, au rang desquels ils descendent par ces barbares festins. ».

Nous disions tout à l'heure que l'usage de ce régal de viandes crues était confirmé par M. de Rivoyre, dans son remarquable ouvrage sur l'Abyssinie. Ce savant voyageur n'ayant pas pénétré jusque dans l'intérieur du pays, et n'ayant vu qu'en campagne les Abyssins dont il parle, n'a pu faire mention de festins du genre de celui dont Bruce vient de nous fournir la description, mais il n'en est pas moins affirmatif sur l'usage de la viande crue.

Voici ce qu'il raconte à ce sujet : A peine arrivé chez son hôte, celui-ci, chef d'un village important, ordonna qu'on servît à manger. Aussitôt « un angareb (sorte de divan ou canapé) fut arrangé pour moi; lui s'installa tout bonnement à terre, et ses domestiques, d'accord avec les miens, se mirent en devoir de nous servir.

» Le premier mets apporté fut une sorte de purée rougeâtre dans une grande sébille de bois, des haricots rouges, m'imaginai-je. Assez longtemps privé de légumes et rassasié de viande depuis que je voyageais, j'éprouvai du plaisir à cette vue, et comme mon hôte me faisait des gestes encourageants, accompagnés d'un langage que je ne comprenais pas, je supposai qu'il m'invitait à commencer; aussi sans plus de façon, je plongeai ma cuiller dans la purée. Mais à peine y eus-je touché des lèvres que je poussai un cri. C'était comme si j'avais avalé

GUENON ET SON PETIT

du plomb fondu. Ma gorge était en feu ; je crachais, je toussais, je suffoquais. Bref, cette purée de haricots n'était rien autre que du poivre rouge. Ce que j'avais attaqué si vaillamment n'était pas un plat, ce n'était qu'un assaisonnement pour la viande qui allait suivre : du *chiro*.

» Elle suivit, en effet : une cuisse de vache qu'on suspendit à un bâton entre nous deux. Mon homme, avec un couteau effilé, s'y taillait des languettes, qu'il trempait ensuite consciencieusement dans le chiro, puis s'introduisait le tout dans le gosier.

» Pour ne pas le désobliger, une fois la première douleur calmée, je tentai de l'imiter.

» Je découpai un petit morceau de cette chair *encore toute palpitante*, et je l'enduisis avec précaution d'une mince couche du condiment en question.

» Eh bien, vraiment, je ne trouvai cela ni mauvais, ni répugnant. L'effet du poivre rouge produit une cuisson factice qui modifie assez le goût de la viande crue, pour qu'en somme ce ne soit guère plus désagréable à avaler que les biftecks saignants, dont se délectent chez nous certains gourmets. Néanmoins, par une attention délicate, à ce *mets éminemment national* avaient été joints pour moi un quartier d'antilope et deux pintades tuées au courant du chemin, auxquels mon hôte ne toucha pas, mais sur lesquels je me dédommageai du mécompte que m'avait causé ma précipitation.... »

Si l'on tient compte des différences de circonstances et de lieux — ceci se passait dans le Tigré chez un petit chef militaire, et constituait un repas improvisé, tandis que Bruce nous a fait assister à un festin d'apparat donné dans la capitale même de l'Abyssinie, — il est impossible de ne pas reconnaître que les deux récits se confirment admirablement l'un l'autre, d'autant que M. de Rivoyre, en parlant des *chairs encore palpitantes de l'animal*, n'a vu de celui-ci que la partie apportée par les domestiques, et ne peut par conséquent savoir avec quel cérémonial la bête a été tuée.

Nous avons oublié de mentionner un des proverbes que les Abyssins ont coutume de répéter quand il est question de leur habitude de ne boire qu'après avoir achevé de manger : « On n'arrose, disent-ils, que lorsqu'on a planté. »

Pendant qu'au sujet des festins de viande crue et pantelante, nous faisons ressortir en même temps, et l'exactitude des assertions si longtemps révoquées en doute de Bruce, et l'immobilité, si l'on peut ainsi parler, dans laquelle se maintiennent les Abyssins, en ce qui concerne leurs habitudes et leurs usages, nous ferons remarquer que « cette immobilité » s'étend jusqu'à leur situation politique.

En effet, toujours agité, troublé, et cependant toujours semblable, l'état social de ce pays, à quelque époque qu'on le prenne, et avec le seul changement de nom des personnages qui y jouent un rôle, est si identiquement le même, que le tableau qu'en présente Bruce, avec le ras Michael, avec les princesses, la reine douairière Osoro-Esther en tête, entourant le trône, et, à un plan un peu plus reculé, les grands officiers, nous devrions dire les grands vassaux, tantôt rebelles, tantôt ralliés au parti du roi, notamment le plus remarquable parmi eux, le rebelle Fasil, peut admirablement s'appliquer à ce qui se passe en Abyssinie, tel que le décrivent M. de Rivoyre et les autres explorateurs contemporains.

Le règne même du célèbre Théodoros, à part l'ingérence que, sous ce règne, s'attribuèrent les Anglais dans les affaires de l'Ethiopie, et le caractère essentiellement personnel du négus qui, contre l'ordinaire, mit au second plan la prépondérance ordinairement acquise au premier ministre, n'est qu'une reproduction exacte des règnes précédents, du moins au point de vue des guerres continuelles de sujets révoltés, et du souverain, sans cesse occupé à faire respecter son autorité.

Du reste, la vaillance jointe à une modération dans les désirs qui leur fait dédaigner toute conquête, est un des traits caractéristiques de l'antique race qui gouverne ce pays.

L'histoire de l'Abyssinie ne contient pas un seul fait de nature à mettre en doute le courage personnel de ces princes, et chacun d'eux a eu tous les droits possibles à s'attribuer les beaux vers que Shakspeare met sur les lèvres d'un de ses plus illustres héros, Henri V :

> Ecoute ce qu'ici ton maître doit te dire :
> Je ne cherche combat, ni je ne le désire ;
> Mais de quelque péril que je sois menacé,
> Je ne sais jamais fuir quand je suis offensé.

En somme, la cour abyssine, avec ses grands vassaux toujours en armes, même en temps de paix ; ses troubadours, qui chaque jour et presque à chaque heure du jour sont occupés à exalter la bravoure des contemporains et à célébrer les gloires du passé ; ses bouffons et ses nains, dont les tours de passe-passe, les saillies et très souvent les sages conseils déguisés sous une forme plaisante, divertissent les princes, offre une si frappante analogie avec la société européenne au moyen âge, qu'il est impossible de n'en pas être frappé.

On oublie alors les coutumes barbares, les nuances de caractère, dues au climat et peut-être à la race, qui mettent trop souvent des ombres regrettables sur ce brillant tableau, et on se demande de quel degré de civilisation un tel peuple deviendra susceptible, lorsque ses mœurs religieuses, sociales et politiques seront entrées dans la voie de réforme que réclament à grands cris pour elles, tous ceux qui portent aujourd'hui leur attention sur cette antique Ethiopie, dont le nom a été si brillamment mêlé à l'histoire des grandes monarchies de l'Orient.

RELIGION

La religion des Abyssins, dont nous n'avons parlé jusqu'ici qu'incidemment et brièvement, mérite un chapitre spécial.

Séparés de l'Europe par leur défiance contre toute ingérence étrangère, bien plus que par les obstacles physiques qui entourent et isolent leur pays, les Abyssins, bien que très heureusement doués, sous le rapport de l'intelligence et de leur aptitude aux arts et à l'industrie, sont plongés dans un état d'ignorance et de demi-barbarie tout à fait en désaccord avec le passé brillant de leur race et surtout avec leur titre de chrétiens.

Il est vrai que leur christianisme, mêlé de pratiques juives d'une part, et d'autre part de fétichisme, ne se rattache que par quelques-uns de ses dogmes principaux à la vraie foi.

Ainsi, ils admettent la circoncision comme un usage innocent, et ils conservent le sabbat à côté du dimanche.

La plupart des cas d'impureté légale, déterminés par la loi de Moïse et supprimés par l'Evangile, ont été conservés par eux, et, par suite, non seulement ils s'astreignent aux ablutions et purifications exigées par la même loi, mais ils repoussent l'usage de certaines viandes.

Lors des grandes discussions sur les dogmes fondamentaux relatifs à la nature de Jésus-Christ, l'Eglise d'Abyssinie, et par sa position et par les liens qui l'unissaient au patriarcat d'Alexandrie, fut entraînée dans le parti des monophysites; elle en forme encore, avec les cophtes de l'Egypte, une des branches principales.

17

Elle en diffère cependant par le grand nombre de fêtes que contient sa liturgie, par le culte de la sainte Vierge, des anges et des saints. Elle fait usage de l'encens et de l'eau bénite ; elle admet trois sacrements, le Baptême, la Confession et la Communion, et croit à la Transsubstantiation. La Bible, dont elle se sert, à titre de livre révélé, contient les mêmes livres que la nôtre, plus un livre attribué à *Hénoch,* dont Bruce a rapporté en Europe trois exemplaires.

Les Abyssins, qui multiplient les images dans les églises à un point excessif, n'y admettent ni statues, ni bas-reliefs ; tout ce « qui projette de l'ombre, » disent-ils, doit être assimilé à un objet d'idolâtrie. Le respect pour les édifices sacrés est le seul trait de la religion abyssine qui mérite d'être offert en exemple aux autres peuples chrétiens. Ce respect est poussé si loin que, malgré l'état de trouble continuel où vivent les populations de ce pays, il n'y a pas d'exemple que le *droit d'asile,* qui leur appartient, ait jamais été violé.

Nous disons plus loin quelles sont les marques de respect que tout Abyssin, à quelle classe sociale qu'il appartienne, et l'orgueilleux négus lui-même, donne en entrant dans une église, et jusqu'où vont les causes d'abstention qui les empêchent souvent d'y pénétrer. Quant aux pratiques de fétichisme que le peuple ajoute à ce christianisme, déjà si entaché de judaïsme, les principales sont le culte du serpent, reptile tellement sacré que quiconque en tue un est passible, pour ce crime, de la peine de mort.

Par un motif tout opposé, le lièvre, réputé animal maudit, a la vie sauve ; la personne qui en tue ou même qui accidentellement en touche un, mort ou vif, tombe par ce fait seul dans un état d'impureté qui nécessite les purifications les plus minutieuses.

Une autre pratique superstitieuse consiste à couper aux enfants, dont les aînés sont morts, le bout de l'oreille, et cela sous peine, assure-t-on, de les voir subir à leur tour une fin prématurée.

Le chef du clergé abyssin porte le titre d'*abima* ou *abouna* (1).

(1) Quelques voyageurs contemporains écrivent *aboussa.*

c'est-à-dire *le père*. Il est nommé par le patriarche cophte d'Alexandrie et doit être étranger à la nationalité abyssine.

L'abouna a sous sa juridiction les *komosât*, archiprêtres attachés aux églises collégiales et qui ont leurs *deblerât* ou chanoines. Viennent ensuite les *kasis* ou curés, les *nefk-kasis* ou vicaires, les *diakou* ou diacres, et enfin les *nefk-diakou* ou sous-diacres; ces deux dernières classes du clergé sont excessivement nombreuses; on donne le titre

SERPENT

d'*abbas* aux docteurs en théologie. Comme dans toutes les Eglises du rit oriental, les prêtres se marient; seuls les moines, plus nombreux encore que les diacres et les sous-diacres, font vœu de célibat.

La principale congrégation de ces derniers est celle de Saint-Antoine. Elle fut fondée au XIIIe siècle par saint Eusthate et saint Técla-Haïmanout.

Que cette religion soit, comme les Abyssins le prétendent, une des plus anciennes formes du christianisme; qu'elle remonte au temps de saint Matthieu et de la reine Candace, dont il est parlé dans les saintes Ecritures, ou qu'elle ait été introduite en Abyssinie, sous le règne de Constantin, par *Frumentius,* qui se fit sacrer évêque par saint Athanase, alors métropolitain d'Alexandrie, il est incontestable qu'elle a peu influé sur la civilisation des peuples éthiopiens, ainsi que vont nous le démontrer les détails suivants sur les habitudes et les mœurs religieuses du pays, et ainsi surtout que le prouve l'organisation politique et sociale de l'empire des négus.

Bruce entre sur ces deux sujets dans des détails qu'il importe de mettre en lumière, si l'on veut se rendre bien compte du caractère de ces peuples, ainsi que du contraste qui existe entre leurs mœurs fort relâchées et leur titre de chrétiens; contraste dont les étrangers qui pénètrent dans leur pays, ou qui même étudient simplement leur histoire, sont, à plus forte raison, étonnés et choqués.

Il n'y a pas de pays au monde, dit le célèbre voyageur écossais, où l'on ait autant bâti d'églises qu'en Abyssinie.

Bien que le terrain soit excessivement montueux et qu'on ne puisse par conséquent y jouir que d'une vue très bornée, il est rare qu'on n'y voie pas cinq ou six églises à la fois; et si l'on se trouve placé sur une hauteur d'où la vue puisse s'étendre, on en découvre au moins cinq à six fois autant. Chaque homme puissant, qui laisse de quoi bâtir une église après sa mort, ou qui en a bâti une de son vivant, est persuadé que, par ce moyen, il a expié tout le mal qu'il a pu faire. Le roi en construit toujours un grand nombre. Remporte-t-il une victoire sur ses ennemis, une église s'élève sur le champ de bataille, avant même que la voracité des hyènes et des chacals en aient fait disparaître les corps des vaincus.

Sauf en ces circonstances où l'emplacement s'impose forcément à eux, les Abyssins ont grand soin d'élever leurs églises auprès des eaux courantes, afin d'observer avec plus de facilité les lois mosaïques, en ce qui concerne les ablutions et les purifications dont ils ont conservé l'usage.

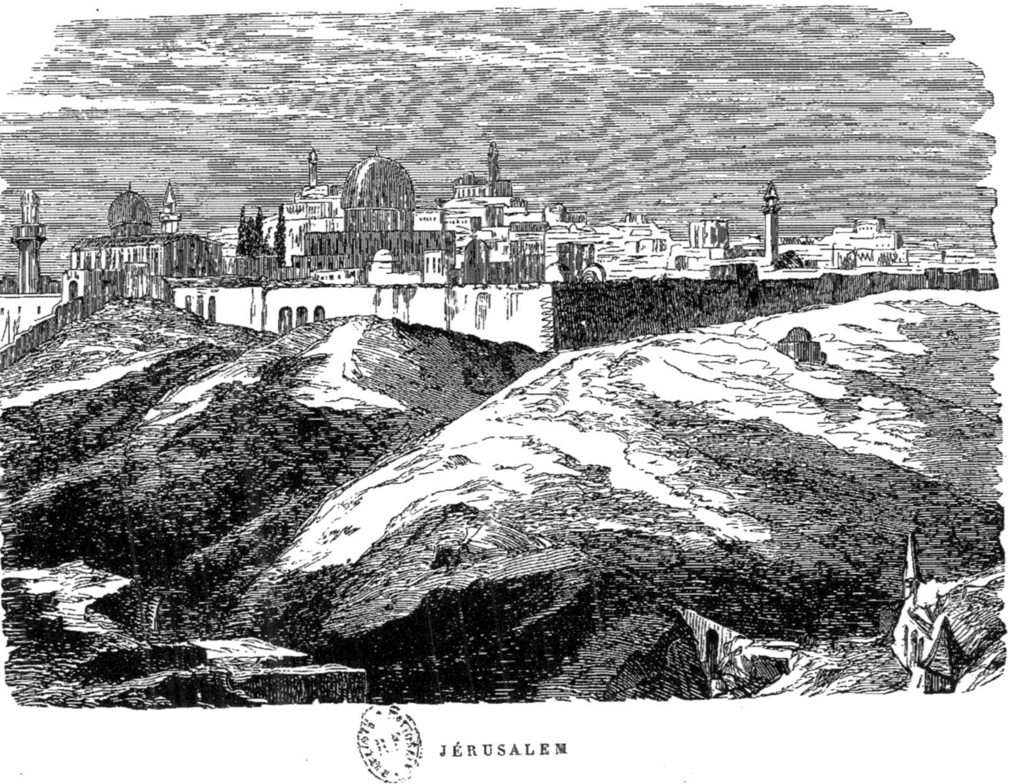

JÉRUSALEM

Ils choisissent aussi, autant qu'ils le peuvent, le sommet de quelque hauteur, dont la forme est la mieux arrondie, la plus élégante, et où croît cette espèce de cèdre magnifique que nous appelons *cèdre de Virginie*. Il est incontestable que rien ne contribue autant à rendre l'Abyssinie pittoresque et agréable à la vue que ces églises, ainsi couronnées d'une verdure d'autant plus splendide, que parmi les cèdres sont habituellement placés, de distance en distance, quelqu'un de ces beaux arbres, appelés par les Abyssins *cussos*, qui s'élèvent à une grande hauteur et offrent le plus ravissant aspect.

Toutes les églises sont rondes, un toit en chaume de forme conique les surmonte.

Tout autour règne une sorte de colonnade formée par des cèdres, dont on a coupé la tête à hauteur égale et sur lesquels vient s'appuyer le bord du toit. Cette espèce de véranda circulaire, large de deux mètres environ, sert d'abri tantôt contre les ardeurs du soleil, tantôt contre la pluie; et dans les deux cas les promeneurs y sont nombreux.

Toujours conformément à la loi de Moïse, l'intérieur de l'église est divisé en plusieurs compartiments. Il y a d'abord une balustrade en rond, au dedans de laquelle on s'assied pour prier; puis dans la balustrade, un carré fermé par un rideau; au milieu de ce carré, il y en a un autre qui répond au Saint des saints de l'ancien temple de Jérusalem. Ce dernier est si étroit, qu'il n'y a que les prêtres qui s'y placent.

Toutes les fois que l'on entre dans l'église, il faut être nu-pieds, et, par ce moyen, on peut pénétrer, même dans le Saint des saints, à condition toutefois que l'on soit pur, c'est-à-dire que l'on ait fait les ablutions et purifications requises et que depuis on n'ait touché, ou même seulement frôlé, le corps mort d'aucun homme ou d'aucun animal. Si l'on n'est pas pur, on ne peut entrer dans l'église; mais on reste au milieu des cèdres et on fait ses prières de loin.

Ce qu'il y a de singulier, c'est que, excepté pendant le carême, il y a toujours beaucoup plus de monde au dehors qu'au dedans de l'église, bien que l'on n'ait besoin, pour juger de ce que l'on doit faire, que de consulter sa propre conscience.

Quand on entre dans l'église, avant d'en franchir la porte, on se prosterne pour en baiser le seuil; on embrasse ensuite les deux poteaux qui servent de montants, puis on est libre d'avancer jusqu'à telle place qui convient; on récite la formule de prière que l'on veut et on se retire, bien persuadé que l'on a rempli, dans toute son étendue, le devoir religieux imposé à tout chrétien.

L'intérieur est très orné de tableaux sur parchemins, et quelquefois de fresques dues au pinceau de quelque artiste indigène, dont tout le mérite consiste dans la naïveté de la composition et dans l'éclat des couleurs voyantes et trop souvent disparates.

Les Abyssins font quelquefois venir du Caire pour leurs églises des portraits de saints et d'autres peintures sur parchemin, qui ne valent pas beaucoup plus que celles qu'ils font chez eux. Tout cela est suspendu, au moyen de clous, tout autour, et forme une espèce de frise très curieuse à examiner, parce qu'elle donne la mesure assez exacte de la confusion d'idées qui, au point de vue religieux, règne parmi ce pauvre peuple.

On y voit saint Georges foulant aux pieds le dragon qu'il a vaincu, et saint Demetrius combattant un lion. Les saints de l'Ancien Testament marchent de pair avec ceux du Nouveau. Les saints mêmes peuvent n'être connus ni dans l'Ancien, ni dans le Nouveau. Il y a par exemple un saint Ponce-Pilate et sa femme, un saint Balaam et son ânesse, un saint Samson, armé d'une mâchoire d'âne, ainsi du reste.

La fantaisie en ce genre qui surprit le plus le célèbre voyageur anglais, ce fut de voir sur la mitre d'un prêtre, qui administrait les sacrements, une miniature carrée représentant Pharaon qui, monté sur un cheval, s'enfonçait dans la mer Rouge, environné de fusils et de pistolets flottant sur les eaux.

On ne voit jamais de figures sculptées dans les églises d'Abyssinie; ce serait considéré comme une idolâtrie. Le scrupule à cet égard va si loin, qu'une croix qui avait été faite pour être placée au-dessus de la boule du *sendick,* ou étendard royal, n'a jamais été employée, parce qu'elle donne un peu d'ombre.

Quant aux peintures, il est hors de doute que les Abyssins en ont

VUE DU CAIRE

connu l'usage et en ont fait emploi dès les premiers temps de leur conversion au christianisme.

Les Abyssins considèrent l'abouna comme le patriarche de leur Eglise, bien qu'en réalité ce soit le patriarche d'Alexandrie qui en soit le chef.

L'histoire des anciens abounas est complètement ignorée ; le premier d'entre eux que l'on connaisse est Tecla-Haïmanout, qui s'est rendu célèbre non seulement pour avoir rétabli sur le trône la lignée de Salomon qui en avait été dépossédée, mais encore par les règlements qu'il introduisit dans l'Etat et dans l'Eglise ; règlements que les annales du pays ont soigneusement conservées, et dont le plus sage est celui qui défend aux Abyssins de choisir pour abouna un de leurs compatriotes.

Comme, par suite de cette disposition, il est rare que l'abouna entende la langue nationale, il ne prend aucune part au gouvernement. Il ne va même chez le roi que les jours de cérémonie, ou quand il a besoin soit de solliciter quelque faveur, soit de porter quelque plainte.

La principale occupation de l'abouna est l'ordination des prêtres abyssins. Toutefois, il ne faut pas prendre ce mot ordination dans le sens élevé et sacré qu'il a dans l'Eglise catholique.

Rien au contraire de plus simple et de moins édifiant que la façon dont les Abyssins se consacrent au service des autels.

Beaucoup d'hommes et même d'enfants se présentent tous à la fois devant l'abouna et, par respect et humilité, se tiennent debout, à une certaine distance de sa personne vénérée. « Qui êtes-vous et que voulez-vous ? leur demande-t-il. — Nous sommes des fidèles serviteurs de Dieu, et nous demandons à être faits diacres, » répondent-ils.

Alors l'abouna les bénit avec une petite croix de fer, qu'il tient à la main, puis il souffle deux ou trois fois sur eux en disant : « Soyez diacres ! »

« Je vis une fois, continue Bruce, tout un corps de troupes recevoir ainsi le diaconat, au retour d'une bataille où elles avaient mis dix mille hommes sur le carreau. L'abouna se tenait debout devant l'église de Saint-Raphaël, et l'armée était rangée en ordre de bataille, à un quart de mille de lui, dans la plaine d'Aylo-Meidan. Il y avait, en outre, avec cette armée, un millier de femmes qui, de par la bénédiction et le souffle de l'abouna, furent faites tout aussi bonnes diaconesses que les hommes bons diacres. »

C'est de la même manière que l'abouna fait les moines. Quand il passe à cheval, il est d'usage que ceux qui l'aperçoivent se réunissent, et venant se grouper à quelques pas de lui, entonnent un chant mélancolique. Il demande : « Quels sont ces gens portant barbe? — Ce sont des hommes qui désirent devenir moines, » répondent ceux qui se sont avancés dans ce but.

Et pendant que les autres se retirent : « Soyez moines, » dit l'abouna.

Toutefois, pour l'ordination des prêtres, ces simples formules ne suffisent pas. Il faut en outre qu'ils soient en état de lire un chapitre de l'Evangile de saint Marc. Mais comme ils font cette lecture en une langue que l'abouna ne comprend pas, leur savoir en ce genre n'étant pas contrôlé est souvent très fantaisiste. L'abouna reçoit ensuite de chaque prêtre qu'il vient d'ordonner une brique de sel de la valeur d'environ cinquante centimes de notre monnaie française. C'est cet usage qui a fait accuser de simonie le clergé abyssin.

L'*itchégué* est le chef de tous les moines abyssins, et Dieu sait s'ils sont nombreux ! Sauf quelques heureuses mais très rares exceptions, ils croupissent tous dans une ignorance dont rien, dans les sociétés européennes, ne saurait donner une idée. Pour la plupart d'entre eux, la religion consiste dans un certain nombre de formules, que dans leur pensée, aussi bien que dans la pratique, ils associent à des superstitions fanatiques et absurdes.

L'itchégué, en temps de trouble, est un personnage bien plus important que l'abouna (1). Sa consécration constitue une des cérémonies les plus intéressantes du culte abyssin. Deux prêtres principaux tiennent développé sur sa tête un voile blanc, tandis qu'un troisième dignitaire de l'Eglise éthiopienne prononce une formule spéciale de prière. Puis, tous ensemble, ils lui imposent les mains en chantant des psaumes.

(1) Au-dessous de ces deux chefs, l'Eglise d'Abyssinie a, ainsi que nous l'avons dit plus haut, des prêtres principaux et des scribes; sa hiérarchie rappelle celle des prêtres juifs. Les scribes sont les ignorants et négligents copistes de l'Ecriture sainte.

Les moines abyssins ne vivent point dans des couvents comme en Europe, sauf cependant dans un petit nombre de localités où existent de vrais couvents, mais dans de petites maisons particulières qu'ils bâtissent autour de leurs églises. Chacun d'eux cultive le petit champ qui lui est assigné pour suffire à ses besoins.

Les prêtres jouissent d'un traitement qui les dispense de travailler pour vivre. Ce traitement, bien entendu, leur est payé en nature et non autrement, l'argent étant à peu près inconnu dans l'empire, comme nous le disons ailleurs, et les objets d'échange, qui tiennent lieu de monnaie courante, n'étant employés que dans les affaires de négoce. L'administration de leurs églises leur appartient sans réserve; jamais l'abouna ni aucun des prêtres principaux n'intervient d'aucune façon en cela.

L'administration du baptême est entourée d'une foule de cérémonies, dont la plupart seraient fort édifiantes si elles étaient accomplies avec plus de dignité. Il s'y passe malheureusement des incidents qui rappellent les mauvaises plaisanteries auxquelles donne lieu ce que nos marins appellent le baptême de la ligne, ainsi qu'on en jugera par ce passage que nous extrayons de la longue description donnée par Bruce d'une cérémonie de ce genre dont il fut témoin :

« Cette cérémonie, dit-il, commença assez décemment; mais elle dégénéra bientôt en bouffonnerie ; après que les gens les plus honnêtes furent passés (1), les plus jeunes diacres — de vrais gamins — se mirent à troubler l'eau et à jeter de la bourbe de toutes leurs forces sur les personnes qu'ils voyaient proprement vêtues.... »

Les Abyssins communient sous les deux espèces, avec du pain sans levain et des grains de raisin écrasés, que l'officiant mêle ensemble et présente aux fidèles dans une espèce de cuillère.

(1) Le baptême n'est pas administré individuellement comme chez nous, mais à certaines époques et par groupes toujours nombreux. D'ailleurs, il est d'usage que, bien que déjà baptisés, les gens pieux prennent, toutes les fois que l'occasion s'en présente, part à ces cérémonies. Et non seulement les gens, les uns à pied, les autres à cheval, entrent dans le cours d'eau où se donne le baptême, mais les soldats y viennent baigner leurs chevaux et leurs armes. On y porte, pour les purifier, une foule d'ustensiles de ménage, plats, assiettes, pots, dont des mahométans ou les juifs se sont servis.

RUINES D'UN TEMPLE DE NUBIE

La communion est, de toutes les parties du culte, celle qui s'accomplit avec le plus de recueillement. Il est évident et incontestable que ceux qui la reçoivent ont une foi profonde dans la présence réelle de Notre-Seigneur Jésus-Christ dans les saintes espèces.

Il n'en est pas de même touchant l'état de l'âme pendant la période qui sépare la mort de l'homme de l'époque du jugement dernier, et de la résurrection des morts, articles de foi que personne ne met en doute.

Chacun résout la question à sa manière; l'opinion la plus accréditée cependant est qu'il n'y a point pour l'âme, après sa séparation d'avec le corps, d'état moyen; mais que, d'après ce qui est rapporté dans l'évangile du bon larron, l'âme jouit de l'éternelle béatitude ou de l'éternelle condamnation, dès l'instant même où, quittant le corps, elle remonte vers Dieu.

Comme en font mention les épîtres de saint Paul, en parlant des Juifs convertis à l'Evangile par la prédication des apôtres, beaucoup des prescriptions du judaïsme ont été conservées par les Abyssins, quand ils se sont convertis au christianisme; les unes, telles que les ablutions, les purifications, sont restées, ainsi que nous l'avons dit, universellement obligatoires; d'autres n'ont été conservées que par les habitants de quelques-unes des provinces éthiopiennes; telle est, parmi ces dernières, la circoncision, encore en usage dans le Tigré.

D'après ce que nous venons de dire des croyances, des pratiques et des habitudes religieuses de l'Abyssinie, on comprend combien grands durent être la surprise, le désappointement, la douleur des chrétiens d'Europe, lorsque, pénétrant pour la première fois dans un pays où ils pensaient rencontrer des coreligionnaires et des frères, ils se trouvèrent en présence d'une société si étrangère au véritable esprit chrétien.

L'impression qu'ils ressentirent ne peut être comparée qu'à celle éprouvée, dans un sens tout contraire, par les Abyssins eux-mêmes, lorsque, peu après cette première apparition de voyageurs ou de marchands européens, arrivèrent parmi eux les missionnaires de l'Evangile que leur envoyèrent les Portugais.

La dignité de ces prêtres, l'austérité de leur vie, la pureté surtout de la morale qu'ils prêchaient s'attaquaient à de trop nombreux abus, et froissaient trop de personnalités puissantes, pour ne pas soulever autour d'eux un *tolle* universel.

Ils venaient en apôtres, en frères ; on les reçut en ennemis, et le martyre couronna leur zèle pieux. « Le martyre en pays chrétien ? » Nous ne savons rien de plus poignant que le tableau contenu dans ces cinq mots !

Nous disons ailleurs les efforts qui ont été faits depuis pour la reprise des missions d'Abyssinie.

Pour le moment, et parce que certaines sciences, parmi lesquelles notamment la supputation des temps, sont intimement liées à la vie religieuse des peuples, dont elles déterminent les fêtes, nous nous arrêterons à ce qui concerne à ce sujet l'Abyssinie.

Ainsi que les Egyptiens, dont Diodore de Sicile dit : « Ils ne calculent pas le temps d'après les évolutions de la lune, mais d'après la marche du soleil ; ils font leurs mois de trente jours, et à douze mois ils ajoutent cinq jours et un quart de jour, ce qui complète leur année, » les Abyssins se servent de l'année solaire.

Comme la plupart des peuples orientaux, ils commencent leur année le 29 ou le 30 août, c'est-à-dire aux calendes de septembre. Leurs principales fêtes religieuses correspondent à peu près aux nôtres.

COUTUMES DIVERSES

I

Naissance. — Mariage.

Le baptême étant administré aux adultes, et aucune espèce d'état religieux ou civil n'intervenant dans la vie des Abyssins pour en déterminer aucune des périodes, pas plus le commencement que la fin, la naissance des enfants passe en quelque sorte inaperçue.

On ne s'en préoccupe que dans le cercle le plus étroit de la famille, et, contre ce qui se produit d'ordinaire en tout pays, la venue d'une fille est généralement plus joyeusement accueillie que celle d'un garçon, après toutefois que la naissance d'un fils a, au préalable, assuré un héritier direct à la famille.

Ceci s'explique par la façon dont se font les mariages, façon qui donne aux filles, dont elle fait pour le père une véritable marchandise, une valeur pécuniaire relativement considérable, tandis que, pour les fils, elle constitue un impôt onéreux.

Le mariage, qui n'a aucun caractère religieux ni civil, qui ne donne même pas lieu à ce qu'on appelle en France *un sous seing privé*, c'est-à-dire une convention écrite, et qui n'offre de caractère d'indissolubilité que dans le seul cas dont nous parlerons tout à l'heure, est une source de spéculation lucrative pour le père des fiancées.

Tandis, en effet, que le jeune homme, qui vient demander en mariage une jeune fille, ne l'obtient qu'en payant à sa famille une dot, souvent très considérable, dot discutée par le père avec une âpreté au gain qui ne prend pas la peine de se dissimuler même sous des phrases de convention, le mari doit non seulement payer cette dot, qui appartient tout entière de droit au père de sa future, mais il lui faut pourvoir à tous les frais d'installation, etc. Sa femme lui est donnée avec les seuls vêtements qu'elle porte sur elle.

Nous avons dit que les mariages ne sont pas indissolubles; nous devons ajouter qu'ils se rompent avec la même facilité qu'ils se sont conclus. Le mari, d'ordinaire avec le consentement de sa femme, — toutefois, si elle le refuse, il a le droit de passer outre, — va trouver son beau-père et lui déclare sans façon qu'il ne veut plus de sa fille.

Le beau-père fait semblant de se récrier : il n'est pas disposé, dit-il, à rendre la dot qu'il a reçue.

Le gendre, qui s'attend à cette objection, se hâte de répliquer qu'il n'a pas l'intention de la réclamer.

Sur cette assurance, le père ouvre ses bras et sa maison à l'épouse délaissée, laquelle ne tarde pas à convoler à de nouvelles noces, accomplies dans les mêmes conditions, à cette différence près que si elle a été bonne épouse, si surtout elle a fait preuve d'esprit, d'amabilité, de ce qui plaît enfin en tout pays dans une femme, la dot réclamée par le père s'augmente d'autant.

Il n'est pas rare dans une famille de voir une femme contracter ainsi, l'un après l'autre, trois, quatre et même plus de mariages, tous considérés comme légitimes, même par l'Eglise abyssine, qui, si elle ne sanctionne pas ces unions éphémères, ne les condamne point.

Nous avons oublié de dire que les enfants, nés de ces mariages, restent tous à la charge du père.

Mais, quand celui-ci est fatigué de ces changements qui ont plu à sa première jeunesse; quand il sent le désir et le besoin de se donner une compagne sérieuse et digne réellement de ce titre, quand il veut enfin devenir un vrai chef de famille, après s'être choisi une épouse avec plus de soin que précédemment, et avoir rempli auprès du père les conditions que nous avons indiquées, il demande à la religion d'intervenir dans cette nouvelle union.

Avant d'amener sa jeune épouse sous le toit qui désormais sera le sien, il la conduit à l'église, où tous deux communient ensemble.

Ce mariage, dit mariage de la communion, est sacré et indissoluble. La mort d'un des deux conjoints peut seule le rompre, et celui d'entre eux qui manque à la foi conjugale est repoussé par l'Eglise et tenu pour excommunié jusqu'à ce qu'il ait fait pénitence.

La femme ainsi mariée jouit d'une considération toute particulière, et possède des privilèges que les premières épouses n'avaient pas.

Puisque nous avons été amené à parler de mariage, disons que nous n'avons rien trouvé dans Bruce qui justifiât l'accusation de polygamie portée par la plupart des écrivains contre les chrétiens d'Abyssinie.

Tout au plus, si la facilité de mœurs dans les hautes classes sociales, facilité de mœurs que l'Eglise éthiopienne a toujours blâmée, peut, à titre d'exception, justifier pour quelques princes ou grands seigneurs, cette accusation, le fait, dans tous les cas, n'a aucun caractère officiel et public. L'Abyssinie n'a pas de harems, et aucune femme illégitime ne vit jamais auprès de l'époux, même auprès de l'époux temporaire dont nous avons parlé.

II

Funérailles.

Nous ne trouvons, dans les auteurs qui se sont occupés de l'Abyssinie, aucun détail sur les cérémonies des funérailles. Bruce lui-même en dit peu de chose. Ce silence peut s'expliquer, ce nous semble, par la grande répugnance qu'inspire aux vivants tout corps privé de vie.

C'est cette répugnance, justifiée par la religion du pays, qui considère toute créature morte comme un objet impur, qui a sans doute donné naissance à l'usage d'abandonner sans sépulture, non seulement les corps des suppliciés, mais ceux des soldats tombés sur les champs de bataille.

L'idée de voir ceux-ci, dévorés par les animaux de proie, qui non seulement révolte les peuples civilisés, mais dont la majeure partie des peuples sauvages seraient si profondément froissés, paraît ici si naturelle que personne ne s'en offusque.

Dans les conditions ordinaires de la vie cependant, les funérailles sont entourées de cérémonies religieuses et donnent lieu à un certain déploiement de pompe et de témoignages de regrets.

Les femmes manifestent ces regrets d'une singulière façon. Quand la personne morte est de leur parenté, ou s'il s'agit d'un personnage de marque, elles se labourent le visage, et en particulier le front et les tempes, d'égratignures qui leur mettent la figure en sang. A cet effet, elles ont coutume, assure Bruce, de laisser grandir démesurément l'ongle du petit doigt de la main gauche. Aussi, ajoute le même auteur, est-il rare de voir une femme dont les traits ne soient altérés par de nombreuses cicatrices, et à l'inspection de leur visage on peut se rendre compte de la fréquence de leurs deuils et de l'époque approximative du dernier.

HÉRON

III

Guerre. — Etendards.

Les armées abyssines les plus nombreuses qui, au temps de Bruce, pussent entrer en campagne ne dépassaient guère 50,000 hommes, nombre au delà duquel, d'après le même voyageur, il ne semble pas possible que le négus puisse arriver comme effectif de troupes.

Les étendards des Abyssins sont de grands bâtons passés dans une espèce de tube surmonté d'une boule trouée, d'où pend une étroite banderole de soie, taillée en queue d'hirondelle et flottant au gré du vent.

L'infanterie a des étendards peints en deux couleurs différentes et par bandes qui se croisent, en jaune et en blanc, ou en rouge et en vert.

Quant aux étendards de la cavalerie, ils portent toujours un lion rouge, vert ou blanc. La seule cavalerie noire est désignée par un drapeau rouge, sur lequel est peint un lion jaune, au-dessus duquel il y a une étoile blanche, par allusion à ces deux prophéties : *Juda est un jeune lion* et *il sortira une étoile de la maison de Juda.*

La maison du roi est composée de cavaliers et de fantassins. Deux mille de ces derniers sont armés de fusils et remplacent les archers d'autrefois. L'arc est mis de côté depuis le XVIIe siècle. Il n'y a plus que les Shangallas et quelques autres tribus peu importantes qui en fassent usage.

Les deux mille fusiliers de la maison du roi sont divisés en quatre corps. Ces corps s'appellent *bet,* mot qui signifie maison ou appartement.

Par exemple, un des appartements royaux s'appelle *ambaza-bet* ou appartement du lion, et la troupe du même nom en est spécialement chargée et y monte la garde.

Un autre appartement s'appelle *jam-bet,* c'est-à-dire la maison de l'éléphant, et a également un corps qui porte son nom. Un troisième s'appelle *verk-sacala-bet,* c'est-à-dire la maison de l'or, et sert à distinguer un troisième corps; ainsi du reste.

RUINES ÉGYPTIENNES

Quatre autres corps, qui ne doivent former en tout que seize cents hommes et que le roi commande lui-même, sont composés d'étrangers, du moins quant aux officiers, et ils gardent le monarque quand il est en campagne.

Quand le roi veut entrer en campagne, il fait faire trois proclamations. La première est conçue en ces termes : « Achetez vos mules ;

tenez vos provisions prêtes; car après tel jour écoulé ceux qui me chercheront ici ne m'y trouveront plus. »

La seconde a généralement lieu une semaine après. « Abattez, dit-elle, le kantuffa dans les quatre parties du monde; car je ne sais pas où je vais. »

Enfin la dernière dit : « Je suis campé au bord de telle rivière; quiconque ne viendra pas m'y joindre sera puni pour sept ans. »

Il n'y a guère d'exemple qu'aucun des vassaux ou propriétaires de fiefs manque à cet appel, sauf cependant le cas très fréquent où ils prennent parti pour le rebelle que le négus va combattre.

« L'aspect du cortège d'un noble abyssin allant ainsi rejoindre son souverain, soit pour la guerre, soit en toute autre occasion, diffère peu de celui d'une caravane en marche. Des soldats précèdent leur maître, à pied, armés de la lance et du bouclier traditionnels, le coutelas à la ceinture, parfois le fusil sur l'épaule; ensuite viennent les écuyers chargés de leurs armes particulières, quelque sabre artistement ouvragé, quelque carabine d'un modèle inusité; puis le maître lui-même à l'attitude grave et fière, solidement campé sur son cheval, un parasol étendu sur sa tête. Quelquefois, à ses côtés, sur une mule toujours, enveloppée d'un long voile de mousseline blanche, les plis de son quârri ramenés sur le front, se montre une forme plus svelte, plus gracieuse; c'est l'épouse du seigneur. Derrière eux la foule des serviteurs chargés de provisions ou de bagages, ou bien un peu plus près quelque nain difforme, le fou du château ou le troubadour, avec l'instrument dont il accompagne sa voix; enfin le gros de la troupe, soldats de toutes armes, chevaux de main et de rechange, bêtes de bât, gens de service de toutes sortes.

» Une selle somptueuse, un harnachement pittoresque font valoir la beauté de la monture du maître. Des incrustations d'or, des dessins capricieux, chef-d'œuvre de quelque habile ouvrier de Gondar ou d'Adova, courent sur le cuir ou sur la housse, et la vanité du possesseur se complaît dans le déploiement de cette pompe (1), dont la

(1) M. Henri de Rivoyre.

vue rappelle à un Européen le souvenir d'une époque lointaine.... »

Tous les possesseurs de fiefs de l'empire, tant hommes que femmes, sont tenus de fournir au négus un certain nombre de cavaliers et de gens de pied.

Le soir d'un jour de bataille, chaque chef s'assied à la porte de sa tente, et ceux de ses soldats qui ont tué des ennemis se présentent devant lui, l'un après l'autre, armés comme au moment du combat, et tenant sur leur poitrine, de la main droite, un membre sanglant de l'ennemi qu'ils ont immolé. Le premier qui s'avance brandit en même temps vers son maître sa lance, comme s'il était prêt à frapper, et il répète avec une sorte de frénésie des paroles dont le sens ne varie jamais : « Je suis Jean, fils de Georges, fils de Guillaume, fils de Thomas! Je suis le cavalier qui monte le cheval brun. J'ai sauvé la vie à votre père dans telle bataille. Où en seriez-vous, si je n'avais pas combattu aujourd'hui pour vous ; et cependant vous ne m'encouragez point; vous ne me donnez point d'armes, point d'argent; vous ne méritez pas un serviteur tel que moi !... »

Et en terminant ces mots, il jette aux pieds de son maître le trophée sanglant qu'il tient à la main.

Celui qui suit répète les mêmes gestes et les mêmes paroles ; tous les vainqueurs arrivent ainsi à la file, et si quelqu'un d'entre eux a tué plusieurs ennemis, il revient autant de fois qu'il a de trophées à présenter.

Pendant tout ce temps, les chefs ont la tête couverte, comme étant devant leurs vassaux; leur bouche est également couverte, et on ne peut voir que leurs yeux. C'est là une marque de supériorité à laquelle ils sont tenus par ce qu'ils doivent à leur dignité, car, ainsi que nous l'avons dit en parlant du négus, on attache en Abyssinie une très grande importance au fait de couvrir ou de découvrir sa tête.

Quand les vainqueurs ont achevé leur défilé, chacun d'eux vient reprendre le trophée qu'il a déposé aux pieds du maître, et qu'il emporte pour en tirer autant d'orgueil que le sauvage américain en met à se parer des scalps qui attestent sa bravoure, avec cette différence toutefois que l'Indien conserve « ses chevelures, » tandis qu'en Abyssinie, aussitôt que le roi ou le chef d'armée, qui tenait la place du souverain le jour de la bataille, de retour à Gondar, passe l'armée en revue, les guerriers jettent les dépouilles humaines, reprises une première fois par eux, aux pieds du monarque.

Les guerres sont si continuelles en Abyssinie, et par suite les batailles si fréquentes, que c'est à la présence de ces dépouilles devant le palais, autant qu'aux corps des suppliciés à qui on refuse la sépulture, que l'on doit l'affluence des hyènes dans les rues de la ville.

BERGER ABYSSIN

IV

Chasse.

Dans tous les pays, aussi bien dans ceux qui sont civilisés ou demi barbares que chez les nations sauvages, la chasse est un plaisir dont les émotions, aussi bien que les conditions de succès, se rapprochent singulièrement des occupations de la guerre.

Nous avons dit plus haut que les Abyssins ne faisaient pas en cela exception à la règle générale.

Depuis le monarque, qui a, à cet égard, des privilèges particuliers, jusqu'au dernier de ses sujets, tous les habitants de l'antique Ethiopie sont passionnés pour ce plaisir, et ils ont cela de commun avec beaucoup d'autres habitants du vaste monde. Mais où ils diffèrent avec leurs émules des climats tempérés, c'est dans les fatigues et les périls que la plupart de leurs chasses leur font courir.

Nous n'insisterons pas sur la poursuite du lion et des autres animaux de l'espèce féline, qui peuplent le plateau éthiopien ; toute personne qui connaît les mœurs et les habitudes de l'Algérie, sait à quoi s'en tenir sur ce genre de chasse ; mais nous nous arrêterons quelques instants avec Bruce à la poursuite des éléphants et des rhinocéros ; d'autant que l'ivoire, que l'on retire des dents de ces animaux, joue un rôle assez considérable dans le commerce, pour qu'il soit intéressant de savoir de quelle façon on se le procure.

Le Tigré et les provinces du littoral sont, dit-il, peuplés de gibier de toute espèce, sans compter les éléphants, les rhinocéros et les buffles, qui y abondent plus qu'en aucune autre province de l'Abyssinie.

Les buffles, comme taille et comme force, diffèrent peu de ceux d'Europe et d'Egypte, mais ils sont infiniment plus féroces; contre l'ordinaire des animaux qui ne sont point carnivores, ils attaquent les voyageurs et tiennent résolument tête aux chasseurs. Il faut beaucoup d'agilité et d'adresse pour leur échapper.

A les voir cependant couchés au bord des eaux courantes sous les ombrages les plus épais, on les croirait uniquement occupés à ruminer l'abondante pâture que leur offrent les riches herbages du pays, et si on pouvait les approcher, on serait tenté, à l'instar de ce qui se passe dans nos jardins zoologiques, de leur tendre amicalement un morceau de pain ou de gâteau. Malheur à l'imprudent qui l'essaierait!

La chasse dans cette région, si elle n'est pas sans danger, est toute pleine du moins d'émotions vives et d'impressions profondes. C'est « un plaisir de rois, » dont les Européens, à qui il est donné d'en jouir, ne perdent jamais le souvenir.

Bruce, qui eut la bonne fortune, lors de son voyage de retour en Europe, de rencontrer à Tcherkin Osoro-Esther qui, incertaine du sort du ras Michaël, se rendait avec son fils et une suite nombreuse à Jérusalem, afin de prier pour son père sur le tombeau du Sauveur, assista à une de ces chasses qu'elle fit organiser pour lui. Voici le récit qu'il en donne :

« Nous montâmes à cheval une heure avant le jour. Nous étions une trentaine; mais nous fûmes bientôt joints par un autre parti de cavaliers et de gens de pied, qui font leur principale occupation de la chasse aux éléphants.

» Ces gens vivent continuellement dans les bois; ils ne connaissent presque pas l'usage du pain et ne se nourrissent que de la chair des animaux qu'ils tuent, principalement de l'éléphant et du rhinocéros. Ils sont excessivement adroits, légers, agiles, soit à cheval, soit à pied. Leur peau est très brune, mais très peu d'entre eux l'ont tout à fait noire. Leurs cheveux ne sont point laineux, et leurs traits ressemblent assez à ceux des Européens.

» On les appelle les *agagëers*. Ce nom n'est point celui de leur

ATTELAGE DE BUFFLES EN ÉGYPTE

nation, mais il désigne leur profession. En effet, agagéer, qui signifie *couper le nerf du talon avec une arme tranchante,* caractérise fort bien la façon dont on tue ici les éléphants.

» Deux hommes absolument nus montent sur un cheval. Je dis qu'ils sont absolument nus, parce qu'il ne faut pas que le moindre lambeau de cuir ou d'étoffe puisse les faire accrocher par les branches des arbres et des buissons, quand ils veulent fuir devant leur vigilant adversaire.

» Un de ces cavaliers placé sur le devant du cheval, tantôt ayant une selle, tantôt montant à poil, tient d'une main un bâton court, et de l'autre la bride du cheval, qu'il manie avec une grande attention.

» Son camarade, en croupe derrière lui, est armé d'un large sabre pareil à ces sabres esclavoniens qu'en Europe on tire de Trieste. Il tient dans sa main gauche la poignée de ce sabre, qui a sa lame soigneusement recouverte, sur une longueur de trente-huit centimètres environ, de ficelle, de manière à ce que la main droite puisse prendre cette partie de la lame sans se blesser.

» Dès qu'on a en vue un éléphant occupé à brouter, l'homme qui conduit le cheval va droit à lui et s'avance le plus près possible. Si l'éléphant fuit, l'homme coupe son chemin, aussi souvent qu'il le peut, en criant de toutes ses forces : « Je suis un tel; voici mon cheval qui » porte tel nom. J'ai tué ton père dans tel endroit, et ton grand-père » dans tel autre, et à présent c'est toi que je viens tuer.... »

» Le cavalier doute d'autant moins que l'éléphant comprenne ses paroles, que l'animal, irrité du bruit qui se fait autour de lui, prend aussitôt l'offensive. Il cherche à frapper avec sa trompe l'objet qui l'importune, et, au lieu de fuir comme il en avait d'abord manifesté l'intention, il poursuit le cheval qui, évoluant rapidement, tourne et retourne sans cesse autour de lui.

» Après avoir ainsi fait tourner sur lui-même plusieurs fois l'éléphant, le cavalier galope tout près de lui, et à un moment donné, il laisse glisser à terre son compagnon, qui, tandis que l'éléphant est occupé du cheval qui passe devant lui, donne adroitement un coup de son sabre sur le haut du talon et lui coupe le nerf qui, chez l'homme, est appelé le tendon d'Achille.

» C'est là le moment décisif. Il faut que le cavalier revienne en arrière juste à temps pour que, le coup donné, son compagnon puisse s'élancer sur la croupe du cheval.

» Laissant alors la lourde masse se débattre dans sa douleur, nos chasseurs se mettent avec une extrême vitesse à la poursuite d'un autre éléphant, s'ils sont parvenus à en faire sortir plusieurs du troupeau. Quelquefois un habile agagéer en tue ainsi jusqu'à trois dans un même troupeau.

» Si le sabre est bien affilé et que l'homme ne tremble pas en donnant le coup, le tendon est entièrement séparé. S'il arrive qu'il ne le soit pas, le poids de l'animal a bientôt achevé de le rompre. Quoi qu'il en soit, l'éléphant ne peut plus avancer, et les cavaliers, revenant vers lui, le percent à coups de javelines jusqu'à ce qu'il tombe et expire en perdant tout son sang.

» L'agagéer, qui était le plus près de moi, continue Bruce, coupa le tendon d'un éléphant et laissa l'animal debout; quelques-uns de mes amis percèrent de leurs lances un autre éléphant, auquel l'agagéer n'avait fait encore aucune blessure.

» Cependant mon agagéer, après avoir, ainsi que je viens de le dire, réussi avec un premier éléphant, manqua le second et, se trouvant à l'entrée d'un bois, il reçut un coup terrible d'une branche d'arbre, que l'animal avait fait plier par son poids et qui, se relevant, jeta les deux cavaliers à terre et blessa le cheval.

» C'est ce qu'il y a de plus dangereux dans cette chasse. Quelquefois des arbres, qui sont secs et cassants, tombent sous la pression de l'immense animal, qui les heurte en courant avec une extrême rapidité, et leur chute écrase les chasseurs ou leur ferme le passage.

» Par bonheur, les arbres de ces régions, ayant généralement beaucoup de sève, plient sans se rompre; mais il arrive qu'en se relevant, ils frappent si rudement les chevaux et les cavaliers qu'ils les mettent en pièces.

CARAVANE SE RENDANT A JÉRUSALEM

» De plus, et quelque adroits que soient les chasseurs, l'éléphant parvient quelquefois à les attraper avec sa trompe, et, d'un seul coup, terrassant le cheval, il lui met le pied dessus et lui arrache les membres les uns après les autres. Beaucoup de chasseurs périssent de cette manière. De plus encore, à l'époque de l'année où a lieu cette chasse, la terre est tellement desséchée par le soleil, qu'elle est toute pleine de crevasses, ce qui rend difficile et dangereux d'y courir à cheval.

» L'éléphant mort, on coupe sa chair en aiguillettes, aussi minces que les rênes d'une bride, et on suspend ces aiguillettes aux branches des arbres, où elles sont rapidement desséchées par le soleil. Après quoi, et sans aucune autre préparation, elles sont mises en réserve par les agagéers pour fournir à leur nourriture pendant la saison des pluies.

» Il ne restait plus à vaincre que deux éléphants de ceux que nous avions détachés du troupeau; c'étaient une mère et son petit.

» Les agagéers les auraient volontiers laissés en paix, parce que les défenses de la mère étaient fort petites et que le jeune n'avait aucune valeur, sa chair n'étant même pas bonne à sécher.

» Mais nous ne consentîmes point à nous borner à ce que nous avions déjà; il nous fallait la poursuite et le plaisir poussés jusqu'au bout.

» Ayant observé le lieu où les deux bêtes s'étaient retirées, nous nous mîmes avec ardeur à leur poursuite. La mère fut bientôt blessée par les agagéers, et nous allâmes tous, l'un après l'autre, lui lancer nos dards. Sur ces entrefaites, et à notre grand étonnement, le jeune éléphant, qui s'était d'abord enfui sans qu'on le poursuivît, sortit tout à coup du bois et fondit sur nous avec fureur.

» Je fus, je l'avoue, véritablement surpris et touché de cette preuve d'attachement donné par le petit à sa mère. Je criai à nos chasseurs d'épargner celle-ci, mais il n'était plus temps. Le jeune éléphant, désespéré, continuait à défendre la pauvre victime; il m'attaqua plusieurs fois moi-même, et je fus assez heureux pour éviter d'être atteint sans lui faire mal. Un de mes compagnons apporta moins de modération dans sa défense ; ayant été blessé à la jambe par le petit animal, il le perça de sa lance.

» Quand je dis « petit animal, » je parle comparativement. Ce jeune éléphant était, en effet, de la hauteur d'un âne, mais beaucoup plus gros, beaucoup plus massif, et il n'est pas douteux que, s'il avait pu atteindre un homme ou un cheval avec sa trompe, il lui aurait, sans grands efforts, brisé un membre.

» Les agagéers, s'étant assuré plus de viande qu'ils n'avaient intention soit d'en dépecer et d'en faire sécher, soit d'en manger fraîche, refusèrent formellement d'aller à la recherche d'un autre troupeau.

» Forcés par ce refus de tourner d'un autre côté notre activité, nous nous mîmes à la poursuite des rhinocéros et des buffles ; mais, bien qu'il y en eût beaucoup dans les environs, nous ne pûmes en découvrir un seul. Le bruit que nous avions fait, en poursuivant les éléphants, les avait effarouchés, et ils se tenaient soigneusement cachés.

» Nous nous rassemblâmes le soir autour d'un grand feu, et nous passâmes la nuit sous les arbres. Je vis à cette occasion de quelle manière on s'y prend pour arracher les grandes dents des éléphants.

» On met les mâchoires de l'animal sur un feu ardent et on les fait griller jusqu'à ce que la partie creuse et mince des dents, c'est-à-dire la partie la plus rapprochée de la mâchoire, soit presque entièrement consumée ; les dents cèdent aisément. Si on ne brûlait pas ainsi le bas des dents, l'ivoire n'en aurait aucune valeur. Ce procédé est donc aussi rationnel que simple et pratique.

» Le lendemain, au point du jour, nous étions en selle et nous partions à la recherche des rhinocéros, que nous avions entendus rugir, en grand nombre, vers la fin de la nuit.

» Les agagéers se joignirent à nous. Après avoir fouillé le plus épais du bois pendant près d'une heure, nous débusquâmes enfin un de ces terribles hôtes des solitudes africaines. Il passa à quelques pas seulement de nous et s'élança dans la plaine, qu'il traversa avec une rapidité étonnante, eu égard à la masse et au poids de son corps ; il se

CIGOGNES D'AFRIQUE

dirigeait vers un champ de roseaux, situé à deux milles environ de distance.

» Avant qu'il y arrivât, trente ou quarante javelines l'avaient atteint. Sous l'aiguillon de la douleur et fou de rage, il changea brusquement de direction et il se jeta dans le creux d'un étroit ravin qui n'avait pas d'autre issue. En y pénétrant, il brisa une dizaine des javelines qui perçaient ses chairs.

» Nous le crûmes pris comme dans une trappe, et la victoire nous sembla si aisée, que pendant qu'un des nôtres lui tirait un coup de fusil, ceux de nos gens qui étaient à pied sautaient dans le ravin. La bête, qui du reste avait si peu de place qu'il lui eût été impossible de se retourner, avait reçu une balle dans la tête et s'était affaissée sur ses genoux. Cependant, et quelque grièvement atteinte qu'elle fût, elle se releva brusquement à l'approche de ses assaillants, et ceux-ci eussent passé un terrible moment, si un des agagéers ne lui eût rapidement coupé le nerf du talon.

» La victoire était désormais facile et sans danger.

» Ce premier succès nous paraissait de bon augure, et nous nous promettions une fatigante mais excellente journée, lorsqu'un messager, envoyé par Osoro-Esther, vint nous apporter la nouvelle que le roi mandait immédiatement à Gondar, mes jeunes hôtes.

» Il fallait rebrousser chemin sans retard, ce qui nous força à renoncer à poursuivre des buffles, que nous voyions brouter paisiblement à quelque distance. Le sacrifice était réellement très grand, ceux de nos lecteurs qui aiment la chasse le comprendront. Mais telle est l'autorité du négus, qu'à quelque distance qu'on soit de sa personne, un ordre de lui n'admet pas l'ombre de l'hésitation à obéir.

» J'avoue que cette soumission absolue, venant ainsi interrompre un des plaisirs les plus vifs que j'ai éprouvé dans mon voyage, froissa singulièrement mes idées et mes habitudes européennes. Je n'en fis rien paraître cependant, sachant bien qu'observations et instances seraient également inutiles.

» Une heureuse chance me procura bientôt l'occasion de me dédommager, dans une certaine mesure, de l'interruption de notre expédition et de faire montre en même temps de mon habileté de chasseur.

» Tandis que nous nous en revenions sans nous presser, selon l'habitude en tout pays des gens qui agissent à contre-cœur, partit tout à coup, entre mon compagnon et moi, un sanglier que je tuai à l'instant d'un coup de javeline.

» Un quart d'heure après, un autre se leva à quelques pas de nous, et eut le même sort.

» Accoutumé à cette espèce de chasse pendant mon séjour dans les Etats barbaresques, j'y étais bien plus habile que les Abyssins, ce qui me mit de pair avec mes compagnons et compensa les plaisanteries qu'ils ne m'avaient pas épargnées, sur ce que mon cheval refusait d'approcher autant que les leurs des éléphants et des rhinocéros.

» J'eus le regret toutefois de voir délaisser sur la route les deux sangliers, qui me semblaient mériter, au point de vue culinaire, un meilleur sort que celui de servir de régal aux hyènes et aux vautours. Mais, telle est la répugnance qu'inspirent aux Abyssins ces animaux, réputés par eux immondes, que je ne pus obtenir d'aucun des hommes de notre suite qu'il consentît à s'en charger.

» Dans le cas même où j'en aurais fait emporter un, je ne sais trop de quel œil on m'aurait vu faire apprêter sa chair et en manger ! A coup sûr, la considération générale acquise à ma personne en eût grandement souffert. »

PEUPLES SOUMIS AU NÉGUS

Après avoir esquissé, beaucoup plus brièvement que nous venons de le faire, les mœurs de l'Abyssinie chrétienne, Malte-Brun passe en ces termes à celles des tribus païennes, soumises nominalement ou de fait à l'autorité du négus.

« Si, dit-il, tels sont les peuples chrétiens de l'Abyssinie, rien ne doit étonner de la part des nations sauvages qui vivent dans ce pays. »

En effet, la férocité et la malpropreté des *Gallas* surpassent toute idée. Ils ne mangent que de la viande crue; ils se barbouillent le visage avec le sang de l'animal tué, dont ils suspendent les intestins soit autour de leur cou, soit parmi les tresses de leur chevelure.

Les incursions de ce peuple nomade et pasteur sont aussi désastreuses que subites. Tout périt sous leur glaive; ils massacrent l'enfant dans les bras de sa mère et réduisent les adolescents en esclavage.

Ils appartiennent à une race humaine aussi différente de celle des Abyssins que de celle des nègres; leur petite taille, la dure expression de leurs traits les distinguent des premiers, tandis que la nuance brun foncé de leur peau et la longueur de leurs cheveux ne permettent pas de les confondre avec les seconds.

On les a appelés, et non sans raison, les Tatares de l'Afrique. Ils se montrèrent d'abord dans les pays situés au sud-est de l'Abyssinie, où ils sont encore établis dans cinq à six grandes contrées, qui sont Godjam, Damot, Dembéa, Amhara, Begemder, Angot, ainsi que dans les pays de Bali, Caffa, Gambat, Naréa, Fatgar et Gouderon.

Ceux du midi sont peu connus; ceux de l'occident portent le nom de *Bertuma-Galla*. Ils ont des rois ou chefs de guerre nommés *Loubo*.

Ceux à l'est s'appellent *Boren-Galla* et leurs chefs *Mooty*. Ces chefs, dont l'autorité est temporaire, donnent leurs audiences dans de misérables cabanes; leurs gardes et courtisans accueillent à coups de bâton l'étranger qui se présente, puis l'introduisent auprès du roi et le complimentent comme un homme intrépide qui ne s'est pas laissé renvoyer.

Les Gallas adorent des arbres, des pierres, la lune et quelques astres; ils croient à la magie et à une vie future; quelques-uns d'entre eux ont, assure-t-on, embrassé le mahométisme.

Les lois qui les régissent accusent, en dépit de leurs usages barbares et de leur grossier paganisme, un certain degré de civilisation. Ainsi le droit de propriété, les formalités du mariage, le soin et l'entretien des parents âgés sont l'objet de règlements fort anciens et toujours très strictement observés.

Voraces et insatiables tant que la nourriture abonde, ce qui est l'ordinaire quand ils sont chez eux, ils sont, lorsque l'occasion l'exige, d'une sobriété surprenante; ainsi, dans leurs longues courses à travers des régions désertes, on les voit se contenter, comme ration journalière, de quelques pincées de café en poudre, et faire leur régal de sauterelles quand le vent leur en apporte des nuées.

Cette sobriété, jointe à une puissance d'absorption et de digestion incroyable, qui est à la fois un trait de caractère et le résultat d'une disposition physique particulière, leur est commune du reste avec tous les peuples nomades ou pasteurs de l'Afrique, et surtout avec ceux du sud de ce continent. On sait, par exemple, à quel degré la possèdent les Hottentots.

On n'est pas d'accord sur l'origine des Gallas. Les Abyssins les croient originaires de la côte orientale de l'Afrique. Selon une inscription recueillie à Adulis, leur nom semble figurer parmi ceux des nations subjuguées ou vaincues par Ptolémée-Philadelphe.

Pour peu qu'on tienne compte de ces circonstances et qu'on y ajoute les différences physiques qui existent entre eux et les nègres, les Gallas ne sauraient être, comme l'ont avancé certains géographes, une colonie fondée par les nègres *galas* de la côte de Poivre.

Il semble plus rationnel de voir en eux un rameau détaché des tribus nomades de l'Afrique centrale méridionale.

CRIQUET VOYAGEUR OU SAUTERELLE DU DÉSERT

Bruce, qui les a vus de près, trace d'un de leurs chefs un portrait curieux.

Lorsque, avec une escorte qui lui avait été fournie par le célèbre Fasil, Bruce se dirigeait, au péril de sa vie et contre tous les conseils, vers les montagnes où il avait appris que le Nil prenait sa source, il lui arriva de rencontrer, sur les bords du Kelti, rivière encaissée entre deux rives abruptes, et un peu au-dessus de l'endroit où elle se jette dans le Nil, un groupe assez nombreux de Gallas. Ce groupe campait sur le bord opposé à celui où notre voyageur se disposait à faire halte.

« Or, à peine avions-nous commencé, dit-il, à déplier nos toiles, que deux Gallas à pied, armés de lances et de boucliers, vinrent nous avertir de ne pas camper en cet endroit, parce que nos chevaux et nos mulets pourraient être volés, mais de passer la rivière et d'aller planter nos tentes parmi les leurs.

» Je demandai au Shakala-Walo, un des chefs du pays, qu'un message de Fasil avait mis à ma disposition, qui étaient ces gens. Il me répondit que c'était un poste avancé de Welleta-Yasous, qui avait pris possession de cet endroit pour que l'armée des Gallas y campât le lendemain. Il ajouta que ce poste était commandé par un fameux partisan appelé le *Sauteur*, lequel, me dit-il, en baissant la voix de façon à ce que seul je pusse l'entendre, était le plus hardi voleur et le scélérat le plus déterminé qu'il y eut jamais eu parmi les Gallas.

» Je le remerciai de nous avoir choisi si judicieusement un tel brigand pour voisin et pour protecteur.

» — Vous verrez bientôt si je n'ai pas été bien inspiré, me répondit-il, sans se laisser le moins du monde déconcerter par mon compliment ironique.

» Il fallut recharger nos mulets pour repasser la rivière. Nous mîmes tous la main à l'ouvrage, mais d'assez mauvaise grâce, car nous étions excédés de fatigue.

» Le Shakala-Walo s'en aperçut; il poussa un cri qu'il accompagna de deux coups de sifflet, et aussitôt cinquante Gallas accoururent à notre aide.

» Tout notre bagage fut passé en un clin d'œil sur l'autre rive, où mes deux tentes se trouvèrent bientôt dressées comme par enchantement.

» Décidément, pensai-je, et si effrontés coquins qu'ils puissent être, ces Gallas, pris pour auxiliaires et serviteurs, ont du bon.

» Je pus, par la suite, me convaincre que ce peuple, en effet, est très adroit et très expéditif en tout ce qui touche à l'installation d'un camp et aux nécessités des voyages, en un mot aux besoins de la vie nomade, qui est pour lui une tradition et une habitude.

» Quand, une fois installés, nous prîmes quelques renseignements, je me rendis compte du motif pour lequel on n'avait pas voulu nous

HOTTENTOTS

laisser sur la rive opposée, où en réalité nous n'aurions pas été en sûreté, attendu que les Gallas, à mesure qu'ils venaient joindre le campement, détruisaient sur leur passage les maisons et en emportaient le bois pour le brûler, bien que ce fussent les demeures de leurs propres compatriotes et qu'ils fussent du parti de Fasil.

» Ensuite, ceux qui avaient été ainsi expulsés de leurs habitations, se mettant à la poursuite des traîneurs, pillaient ceux qu'ils pouvaient rejoindre, et se vengeaient sur tout ce qu'ils rencontraient du dommage qu'ils avaient subi.

» Au moment où je venais de m'étendre sur ma peau de bœuf pour y chercher un sommeil réparateur, on vint me prévenir que le Sauteur m'envoyait un cadeau de bienvenue. Je sortis aussitôt de ma tente, et je vis, attaché à un des poteaux qui la soutenaient, un taureau d'une grandeur prodigieuse, mais un peu maigre.

» Bien que nous fussions tous doués d'un excellent appétit, ce renfort de provision nous eût été trop considérable, si nous n'avions été sûrs d'être assistés par autant d'aides que nous voudrions en admettre pour partager notre festin.

» Pendant que le taureau était tué, écorché et dépecé, et que d'autre part s'allumait le feu de ma cuisine particulière, je dormis d'un sommeil qui fit à peu près disparaître mon extrême lassitude, et me mit en bonnes dispositions pour faire honneur au repas qui se préparait.

» Je crus cependant devoir aller auparavant faire connaissance avec le Sauteur et le remercier de sa générosité. Il parut très embarrassé de ma visite, et de fait j'avais, sans le vouloir, fort mal pris mon temps. Le chef était à sa toilette, et quelle toilette, grand Dieu ! Sa description seule fera, j'en suis sûr, frissonner le moins petit maître de mes lecteurs.

» Pour tout vêtement il portait une espèce de mauvais torchon roulé autour des reins. Il sortait du Kelti, où il était allé se baigner, je ne sais en vérité pourquoi, puisqu'il se frottait les bras et le corps avec du suif fondu. Il avait déjà mis beaucoup de ce suif dans ses cheveux, qu'un homme était, en ce moment, occupé à tresser en y mêlant de petits boyaux de bœuf qui, j'en jurerais, n'avaient jamais été nettoyés.

» Il portait en outre, au cou, en guise de collier, deux tours de ces mêmes boyaux, dont un bout pendait sur sa poitrine. Mon odorat n'était pas plus réjoui que ma vue en présence de ce répugnant spectacle ; les émanations réunies du suif, du sang et des boyaux en décomposition, qui concouraient simultanément à cette étrange parure, me suffoquaient de telle sorte que, si le Sauteur était contrarié de ma visite intempestive, j'en étais certes plus désespéré que lui.

» Par bonheur, le Sauteur ne comprenait pas un mot d'amhari et de ghéez ; il ne parlait absolument que le galla et ne manifestait d'ailleurs aucune espèce de curiosité à mon sujet, toutes circonstances qui me permirent d'abréger l'entrevue, laquelle se borna à deux ou trois inclinations de part et d'autre.

» Si je n'avais vu ce chef galla qu'en cette unique occasion, il me serait difficile de faire son portrait ; mais je pus, après qu'il fut sorti de sa tente, l'examiner à mon aise, et je dois avouer que c'est un des plus beaux, ou pour parler plus exactement, un des moins laids spécimens de la race galla que j'aie jamais rencontré.

» De haute taille et fort mince, il méritait son surnom par la souplesse et l'agilité de ses mouvements, et de fait il pouvait être comparé à un lévrier très effilé et très vif. Son visage osseux et terminé en pointe semblait plus allongé encore qu'il ne l'était réellement, par la prodigieuse dimension d'un nez mince, aux narines serrées et par l'extrême petitesse des yeux. Des oreilles énormes et des cheveux lisses et longs achevaient de donner à sa physionomie un aspect presque indéfinissable, et dont le caractère, à première vue, était loin d'annoncer la ruse et l'intelligence qui, du moins pour le mal, distinguaient ce hardi partisan.

» Très bon cavalier, il semblait ne se plaire qu'à cheval, et se montrait peu soucieux de tout ce qui n'était pas guerre et pillage. On assurait qu'il ne sentait jamais le besoin de repos, et les festins si chers à ses compatriotes le laissaient parfaitement indifférent.

» Avant de le quitter, je crus devoir lui offrir, suivant l'usage traditionnel chez tous les peuples de l'Afrique, un petit présent. Il le reçut sans témoigner la moindre satisfaction, et pour tout remerciement, il dit à Woldo, que si je prétendais lui payer ainsi le bœuf qu'il m'avait envoyé, j'avais grand tort, attendu d'abord qu'il ne lui avait coûté que la peine de le prendre à son légitime propriétaire, ensuite qu'il ne me l'avait donné que parce qu'il en avait reçu l'ordre de Fasil.

» .... Avant de quitter le camp des Gallas, j'avais appris que le Sauteur avait un frère, appelé l'*Agneau,* lequel commandait un autre parti aux ordres de Fasil, et était, malgré la signification contradictoire de son nom, non moins voleur et assassin que lui.

» Je ne devais pas tarder à faire sa connaissance. Dans le lit d'une rivière qui était à sec et au-dessous d'un petit bois qu'on trouve avant d'arriver au marché de *Roo* (1), nous le rencontrâmes au moment où nous nous y attendions le moins.

» Il était caché dans un trou, comme un fauve dans sa tanière, et s'il ne lui avait pas convenu de se montrer, nous l'aurions certainement dépassé sans l'apercevoir.

» Je lui fis présent de quelques bagatelles, et entre autres choses d'un peu de tabac qu'il paraissait aimer beaucoup. Il répondit brièvement, sans détour, et cependant avec discrétion, à toutes les questions que je lui adressai touchant le chemin que nous devions suivre et l'état du pays que nous avions à traverser.

» Woldo déploya toute son éloquence pour me faire l'éloge de l'Agneau, lequel, m'assura-t-il, avait beaucoup plus d'humanité que son frère, et à l'appui de cette assertion, et pour preuve, ajouta-t-il, c'est que, lorsqu'il fait quelqu'incursion dans le Godjam ou dans une autre partie de l'Abyssinie, il ne tue jamais aucune femme, même lorsqu'elles sont sur le point de devenir mères, bien qu'il agisse en cela contre l'immuable coutume des Gallas.

(1) Ce marché de *Roo*, situé dans le *Maïtcha*, est un des lieux de trafic les plus importants de l'Abyssinie. C'est, dit Bruce, au milieu d'une petite plaine, une place très unie, entourée d'arbres, où les habitants du Goutto, des cantons des Agows et du Maïtcha, viennent tenir marché de peaux, de beurre, de miel et de toute espèce de bétail. Les Agows y portent aussi de l'or qu'ils reçoivent des Shangallas, leurs voisins.

Tous les marchés de l'Abyssinie se tiennent du reste, comme celui-ci, à l'ombre des arbres. Les personnes qui s'y rendent sont dès lors sous la protection du gouvernement, de qui dépend le marché, et à l'abri de toute injure et de tout ressentiment particulier, de telle sorte qu'on peut dire qu'un marché abyssin est un lieu d'asile inviolable.

Toutefois, ceux qui ont des ennemis à redouter doivent prendre garde à eux en allant ou en revenant, car ce droit d'asile ne s'étend pas au delà des limites du marché. Aussitôt ces limites franchies, la protection du gouvernement cesse.

» Je complimentai l'Agneau de cette grande preuve d'humanité, et il reçut ce que je lui dis à cet égard comme si j'avais parlé sérieusement.... Du reste, cette absence de curiosité, cette indifférence absolue pour les choses nouvelles, que j'ai signalées dans le Sauteur, étaient également remarquables chez son frère, d'où je conclus que c'est un des traits caractéristiques de leur nation (1).

» Un peu après avoir quitté l'Agneau, qui voulut nous escorter pendant notre première journée de marche, nous traversâmes l'Assor et entrâmes dans le pays de *Goutto*, dont les habitants, qui sont indigènes, me parurent beaucoup plus civilisés que ceux du Maïtcha qui sont Gallas. Ils sont plus riches et mieux logés. Leur pays est rempli de bétail d'une extrême beauté. On y trouve en quelques endroits du miel aussi parfait que dans aucun des cantons des Agows.

» La campagne est une des plus charmantes que j'ai vues en Abyssinie, peut-être même peut-elle être classée dans ce que tout l'Orient peut offrir de plus beau en ce genre. On y trouve partout des acacias, de l'espèce de ceux qui produisent la gomme arabique. Ces arbres ne s'élèvent guère au-dessus de cinq mètres, mais leurs branches qui s'étalent horizontalement, parviennent à se joindre, même lorsque les arbres sont placés à une assez grande distance, et forment ainsi de vastes espaces couverts où l'on jouit d'une fraîcheur délicieuse.

» L'avoine sauvage atteint dans cette région une si grande hauteur que les chevaux avec leurs cavaliers y disparaissent entièrement. Les tuyaux de cette avoine ont quelquefois jusqu'à un pouce de circonférence, ce qui leur donne, quand l'avoine est mûre, l'apparence de roseaux.

» Les Abyssins ne font absolument aucun usage de cette plante. La cosse, ou première pellicule qui entoure le grain, est nuancée d'une belle couleur pourpre et changeante. Le goût de cette avoine est

(1) Ce trait, s'il existe réellement, établirait un point de plus de dissemblance entre les Gallas et les nègres. On sait, en effet, que ceux-ci montrent en toute occasion une curiosité presque enfantine, et se rendent à charge aux étrangers par l'empressement qu'ils mettent à les entourer, à les examiner, à les questionner.

excellent, et j'en ai souvent fait faire des gâteaux à l'écossaise qui étaient pour moi un vrai régal.... »

Le *Maïtcha* où nous ont conduits les Gallas, qui en sont les principaux habitants, comprend le Maïtcha proprement dit et une certaine étendue de territoire auquel, par extension, on donne le même nom.

Il est borné à l'ouest par le Bahr-el-Azrak, au sud par la rivière de *Jemma* qui le sépare du pays de Goutto et, de l'autre côté des montagnes d'*Amid-Amid*, par la province du Damot. Au midi, il a encore le Godjam, et à l'est et au nord le Bahr-el-Azrak et le lac de Tzana.

C'est là le Maïtcha propre; mais on y ajoute, à l'ouest du Bahr-el-Azrak, une grande étendue de pays, qui commence par le district de *Saukraber* au nord, et va jusqu'au canton des Agows à l'ouest.

Le Maïtcha, gouverné par quatre-vingt-dix-neuf shums (1), est un apanage de l'emploi de betwudet, dont il augmente le revenu de deux mille onces d'or,

Ce pays a été peuplé, sous le règne de Yasous le Grand, par un de ces déplacements de populations en usage dans les grandes monarchies d'Asie, et dont on voit plusieurs exemples en Perse, notamment dans le Mazenderan, où fut amenée et où vit encore la colonie chrétienne arménienne de Yulda.

Ici ce fut l'opposé, un élément païen et barbare fut introduit dans un Etat chrétien par la politique imprudemment inspirée peut-être de Yasous.

Nous disons *peut-être,* parce que, si les Gallas, ainsi introduits en Abyssinie, y ont apporté des habitudes turbulentes et des mœurs grossières, ils y ont apporté aussi, par ces mêmes habitudes et par ces mêmes mœurs, une sorte de contrepoids aux incessantes invasions et

(1) Ce nombre de chefs provient de ce que les Gallas de la province sont divisés en quatre-vingt-dix-neuf familles, dont chacune fournit un des shums. Les Abyssins ont coutume de dire, à propos de ce singulier chiffre, qu'il n'a jamais pu être dépassé, attendu que le diable retient la centième place pour lui et ses enfants. Ce qu'il y a de certain, c'est que jusqu'à présent il ne s'est trouvé nulle part, pas même chez les Gallas des autres parties de l'empire, de tribus qui voulussent se joindre à celles-ci pour compléter la centaine.

Le Maïtcha a été quelquefois réuni au Godjam et plus souvent encore au Damot ou au pays des Agows.

aux périls de toutes sortes que le voisinage immédiat de tribus nègres plus à redouter encore faisait courir aux Abyssins. De plus, les Gallas ont été, et sont souvent encore pour les négus, des auxiliaires précieux. Il est vrai que, non moins souvent, ces hordes turbulentes prennent parti pour tel ou tel rebelle contre les souverains.

ACACIA

Quoi qu'il en soit, l'histoire de leur établissement dans le Maïtcha est un fait trop important dans les annales de l'Abyssinie pour que nous le passions sous silence.

Yasouè étant allé porter la guerre chez les Gallas, établis à l'ouest du grand fleuve et qui, sous le règne de ses prédécesseurs, avaient dévasté le Godjam, le Damot, et surtout la province des Agows, les trouva désunis et en proie aux horreurs d'une guerre intestine, sans trêve ni merci.

Yasous, que suivait toujours et partout la victoire, se rangea du côté de celui des partis rivaux qui lui parut mériter davantage son appui, et à leur tête, il s'avança jusque dans le royaume de Naréa.

A son retour dans ses Etats, il ramena avec lui une partie de ses nouveaux alliés, et les établit le long du Nil, afin qu'au besoin ils pussent en défendre le passage.

Les successeurs de Yasous suivirent cet exemple ; à plusieurs reprises, ils appelèrent d'autres Gallas, non seulement dans le Maïtcha, mais encore dans le Godjam et dans le Damot.

La capitale du Maïtcha est *Ibaba*. Le négus a une maison ou plutôt un petit château dans cette ville qui, en étendue et en richesse, ne le cède guère à Gondar.

Elle a pour gouverneur un officier qui porte le titre d'*Azage d'Ibaba* et à qui cet emploi vaut six cents onces d'or. L'azage d'Ibaba est ordinairement choisi parmi les personnages les plus influents de la province.

La campagne des environs d'Ibaba est excessivement fertile et fort belle. On cite notamment, comme pouvant prétendre au titre de jardin de l'Abyssinie, la partie de cette campagne qui s'étend entre la ville et le Godjam. Les premières *Ozoros* (1) y ont des terres et des maisons de plaisance qu'elles ont héritées des rois leurs ancêtres, et qui sont désignées sous le nom de *Goult,* mot qui répond à celui de *fief* dans notre langue.

Bien qu'il soit un apanage du betwudet dont il reconnaît l'autorité, le Maïtcha, par suite d'un privilège singulier, possède un second gouvernement qui lui est particulier. Les quatre-vingt-dix-neuf shums, qui appartiennent chacun à une famille différente de Gallas, se choisissent, suivant la tradition de leurs ancêtres et l'usage toujours en vigueur chez tous leurs compatriotes, un roi dont les pouvoirs doivent être renouvelés ou transmis à un nouvel élu, tous les sept ans.

(1) Princesses royales.

CARAVANE DANS LE MAZENDERAN

Ce roi, on le conçoit, jouit d'une popularité bien plus grande que le betwudet et que le négus lui-même, contre lesquels il est sans cesse en état de résistance sourde et souvent même de rébellion ouverte. De là, des hostilités continuelles qui se terminent d'ordinaire par le triomphe de l'autorité des souverains abyssins, et au cours desquelles ces derniers ne se font aucun scrupule de mettre les habitations au pillage, après en avoir toutefois enlevé les femmes et les enfants, qu'ils envoient vendre comme esclaves à Massouah et dans les autres villes de la côte.

Les maisons du Maïtcha sont construites d'une façon fort singulière. Le propriétaire d'un champ le divise en trois ou quatre parties. Si c'est en quatre, par exemple, il plante deux haies de branches d'acacias épineux qui se croisent, et dans un des angles de ce croisement il bâtit sa hutte et occupe autant d'espace qu'il lui convient. Trois de ses frères ou de ses proches parents se placent aux trois autres angles. Les enfants de chacun d'eux bâtissent leurs maisons contre celles de leur père, et les font moins profondes parce qu'elles sont plus larges, l'angle allant toujours en s'ouvrant. Après qu'ils ont ainsi construit autant de huttes qu'ils ont voulu, ils les entourent d'une haie impénétrable. Chaque famille vit ainsi sous le même toit, prête à se défendre en cas d'alarme. Chaque homme alors n'a qu'à veiller à sa porte pour faire face de tous les côtés par où l'attaque peut venir.

Cette ingénieuse disposition ne les empêche pas cependant d'être aisément vaincus. Il suffit, en effet, de mettre le feu aux haies sèches et aux roseaux qui entourent ces enclos de maisons, pour que celles-ci, qui sont construites en grande partie avec de la paille, s'allument bientôt et soient consumées en un instant.

Encore n'y a-t-il pas que la main d'un ennemi qui porte ainsi l'incendie dans ces groupes d'habitations. Lorsque la petite vérole sévit dans le pays, ce qui par bonheur n'arrive guère que tous les quinze ou vingt ans, toute maison qui a un malade est irrévocablement condamnée à disparaître; les voisins, qui savent qu'elle pourrait infester la colonie entière, l'entourent pendant la nuit, y mettent le feu et, sans aucune pitié, repoussent dans les flammes quiconque cherche à en sortir. Si, à force d'énergie ou d'adresse, un des malheureux ainsi condamnés à périr parvient à s'échapper, si même il a pris la fuite par avance, il est poursuivi, traqué et immanquablement mis à mort. Tel est le moyen radical employé par les Gallas pour couper court à la contagion, et il n'y a jamais eu d'exemple qu'ils se soient laissé émouvoir en faveur même de leurs parents ou de leurs amis les plus chers. C'est une condamnation sans jugement préalable et sans appel possible, si grande est la terreur que le nom seul de la terrible maladie répand dans toute la contrée. Il est vrai que la peste même est cent fois moins redoutable, sous ce climat, que la petite vérole.

Les autres peuples païens et sauvages, qui font partie de l'empire abyssin, sont moins redoutés, soit par suite de la position géographique qu'ils occupent, soit par suite de leur petit nombre, ou encore de la demi-civilisation où les a amenés leur état de dépendance vis-à-vis des Abyssins.

Nous ne reviendrons pas sur une de leurs branches les plus importantes, celle des Shangallas, que nous avons visitée en parcourant le pays qui s'étend au nord-ouest, entre la mer Rouge et les montagnes de l'Abyssinie.

Nous passerons donc sans transition aux *Agows* ou *Agouys*, divisés en deux nations distinctes comme gouvernement, bien qu'ayant une origine commune.

La première habite dans la province de Lasta, autour des sources du Tacazzé; l'autre occupe les environs des sources du Bahr-el-Azrak. C'est avec cette dernière surtout que Bruce va nous faire faire connaissance.

Les Agows, dans le pays desquels naît le Nil Bleu, constituent une des nations les plus nombreuses de l'Abyssinie. Quand ils rassemblent leurs forces, ce qui est très rare, ils peuvent, dit Bruce, mettre sur pied jusqu'à 4,000 hommes de cavalerie et une armée nombreuse de fantassins.

Ils ont été beaucoup plus puissants encore autrefois, mais les invasions perpétuelles des Gallas ont diminué leurs forces; cependant leur pays paraît encore très peuplé.

Une de leurs tribus, appelée la tribu de *Zeégam*, soutint seule une guerre contre les rois d'Abyssinie, depuis le règne de Socinios jusqu'à celui de Yasous le Grand, et elle ne fut vaincue que par un stratagème.

Une autre tribu, celle des Denguis, combattit également contre Facilidas, Hannès Ier et Yasous II, tous princes belliqueux.

Néanmoins les richesses des Agows surpassent de beaucoup leur puissance. Bien que leur province n'ait pas plus de soixante milles de long et trente milles de large, on peut affirmer que Gondar est, ainsi que tout le pays voisin de cette capitale, entièrement placé sous leur dépendance.

Ce sont eux, en effet, qui lui fournissent le bétail, le miel, le beurre, le froment, les cuirs, la cire et un grand nombre des autres objets qu'elle consomme.

On voit sans cesse arriver à Gondar des troupes de mille à quinze cents Agows, conduisant de grands troupeaux de bœufs ou chargés de marchandises.

Il serait naturel de penser que, dans un climat aussi chaud que celui de l'Abyssinie, le beurre, qu'on transporte à plus de cent milles de distance, doit se fondre et se rancir. Il n'en est rien cependant : les Agows préviennent ce double inconvénient au moyen de la racine d'une herbe qu'ils appellent *moc-moco*. Cette racine est jaune et ressemble à nos carottes. Une très petite quantité de cette racine, écrasée et mêlée au beurre, suffit pour le conserver longtemps dans toute sa fraîcheur, ce qui est d'une importance immense dans un pays où cette denrée forme, pour toutes les classes, une des bases principales de l'alimentation publique.

La racine de moc-moco sert en outre aux nouvelles mariées du pays des Agows pour teindre leurs pieds, depuis la cheville jusqu'au bout des orteils, ainsi que les ongles et la paume des mains.

Indépendamment de ce qu'ils fournissent au marché de Gondar, les

Agows vendent beaucoup de leurs produits à leurs noirs et sauvages voisins les Shangallas, aux cheveux laineux.

Ils leur vendent aussi d'autres articles qu'ils tirent de Gondar, et ils en reçoivent en échange des dents d'éléphants, des cornes de rhinocéros, du *tibbar* ou or très pur en petits grains ronds, et une grande quantité de coton extrêmement fin.

Les trafiquants agows pourraient se procurer une bien plus grande quantité de ces précieuses marchandises si, par leurs agissements envers les Shangallas, chez lesquels ils font constamment des razzias pour enlever des esclaves, ils ne mettaient de continuelles interruptions à la recherche de l'or et à la chasse aux éléphants, qui constituent la principale occupation de ces tribus sauvages.

Voici comment se pratique le peu de commerce qui a lieu entre les Agows et les Shangallas. Deux tribus envoient leurs enfants l'une à l'autre; dès lors, et grâce à ces otages réciproques, la paix est assurée. Parfois il arrive que quelqu'un de ces otages se marie dans la tribu où il réside temporairement. En ce cas, la nouvelle famille, ayant droit à la protection des deux peuples, la paix, au lieu d'être un simple armistice dont le délai expire au départ des otages, doit se prolonger au moins pendant une génération.

Toutefois, il y a des deux parts un trop invincible penchant au vol et au pillage, pour que cette dernière condition ne soit pas souvent enfreinte. Dans ce cas, ce n'est plus entre les tribus belligérantes un simple échange de surprises et de razzias, c'est une guerre sérieuse et de longue durée.

Le pays des Agows, appelé *Agow-Midré*, à cause de son altitude très élevée, jouit d'un climat sain et tempéré. Le soleil, il est vrai, y a une très grande force; mais à l'ombre des arbres ou dans une habitation, la température est relativement douce et agréable. Ce fait, si rare dans les régions tropicales, surtout lorsque 10 degrés seulement séparent de la ligne, vient de ce qu'une brise constante rafraîchit l'air et rend la chaleur supportable, même à l'heure de midi.

Bien qu'habitant un climat heureux, les Agows passent pour ne pas vivre longtemps. Il est difficile, quand on n'habite pas constamment avec eux, de vérifier cette assertion, attendu que rien, chez eux, n'indique l'époque de la naissance. Eux-mêmes n'en sauraient fixer la date que très imparfaitement. Un enfant, un homme meurt, sans que ni l'un ni l'autre de ces événements, qui, presque partout, font sensation dans une famille, soient à peine remarqués.

D'ailleurs, la fertilité du sol, pas plus que leur industrie, n'est pour eux une source de bien-être. Ils sont accablés de tant de taxes, de tri-

COTON

1, 2, 3, 4. Boutons et fleurs. — 5. Fruit. — 6, 7, 8, 9, 10. Capsule à différentes époques de la maturité.

buts, de services ; les défaites qu'ils ont subies depuis le commencement du XVIIIe siècle, ont été si fréquentes et si désastreuses, qu'ils ne sont pour ainsi dire que les courtiers de ce qu'ils vendent et dont le prix, toujours très discuté, sert à peine à satisfaire les exigences de leurs dominateurs.

Aussi ne jouissent-ils jamais de leurs propres biens, et la misère parmi eux est-elle si grande, que Bruce, qui nous fournit ces détails, affirme avoir souvent rencontré de leurs femmes qui, le visage crispé et ridé par le hâle, au point de n'avoir presque plus rien d'humain, dans l'expression de la physionomie, erraient aux ardeurs d'un soleil brûlant avec un ou deux enfants attachés sur leur dos pour ramasser les graines de jonc sauvage, dont elles faisaient ensuite une espèce de pain.

Tous les vêtements des Agows sont en peaux, qu'ils préparent et assouplissent par des procédés qui leur sont particuliers. Ils se couvrent de ces vêtements pour se préserver du froid et des pluies, qui tombent beaucoup plus longtemps chez eux que dans les autres parties de l'Abyssinie ; car il est à remarquer qu'à mesure qu'on approche de la ligne, la saison pluvieuse s'accuse avec une durée plus longue et une intensité plus considérable, ce qui s'explique du reste par des causes toutes physiques.

Les jeunes Agows vont presque nus ; les femmes, ainsi que nous le disions tout à l'heure, portent leurs enfants sur leur dos. Leur vêtement consiste en une espèce de tunique qui leur tombe jusqu'aux pieds et qu'elles attachent par une ceinture au milieu du corps. A partir de cette ceinture, la tunique est faite comme un double jupon ; elles en relèvent un sur les épaules et l'attachent sur la poitrine avec une brochette de bois. C'est dans cette partie du jupon qu'elles portent leurs enfants.

Les Agows des deux sexes sont de petite taille et généralement d'une grande maigreur.

Dengui, *Sacala*, *Dengla* et *Gheez* sont tous désignés sous le nom d'*Ancasha*, et paient leur tribut en miel. *Quaquera* et *Azena* paient en miel également. *Bauja* paie en miel et en or, *Zeegam* et *Mitakel* paient en or seulement.

Il vient de Dengla une espèce de moutons, qu'on appelle *macoot* et qu'on dit originaires du sud de la ligne. Mais ni les moutons, ni le beurre, ni les esclaves ne font partie du tribut. Il est toutefois d'usage d'en offrir en présent aux négus et aux grands personnages de l'empire (1).

(1) Bruce rapporte à ce sujet que, sans compter ce qu'ils paient au gouverneur du Damot, et

Le pays n'est rien moins que sûr, non seulement pour les voyageurs, mais pour les habitants eux-mêmes ; il est infesté de voleurs et de bêtes fauves, de sorte qu'il n'est pas prudent, à moins d'être en forces suffisantes, de camper à la belle étoile.

Presque tous les groupes de maisons sont élevés au-dessus de vastes carrières, sortes de demeures souterraines creusées dans le roc et dont l'établissement a dû coûter un travail immense. Tant de siècles se sont écoulés depuis que ce travail a été fait, qu'il est impossible de se rendre compte aujourd'hui de la destination primitive de ces immenses carrières. Servirent-elles dans le principe d'habitations aux Agows-Troglodytes, ou ne furent-elles creusées que pour leur servir de retraite contre les irruptions des Shangallas d'une part et des Gallas de l'autre?

Un fétichisme grossier et une foule de superstitions non moins grossières constituent la religion des Agows, religion dont le seul point intéressant est le culte qu'ils rendent au Nil.

Le *shum,* ou grand prêtre de ce culte, a sa résidence à Gheez et est l'objet d'une vénération plus grande encore que celle dont jouit le fleuve sacré. L'étoile de la Canicule, qu'on appelle *seïr*, joue un grand rôle dans le culte rendu au Nil. C'est pour les Agows l'étoile du fleuve et la messagère de la convocation des tribus et de leur fête.

Aussitôt, en effet, qu'ils la voient paraître, les Agows, qui en ont la dévotion et le loisir, se dirigent vers les sources du Bahr-el-Azrak.

C'est à la principale source du fleuve et sur un autel de gazon, onze jours après la première apparition de Sirius, qu'a lieu la cérémonie.

qui est fort considérable, les Agows sont tenus d'offrir en tribut au roi, mille dalros (*) de miel, quinze cents bœufs et mille onces d'or. Autrefois le nombre des jarres de miel s'élevait à quatre mille; mais, le roi concédant chaque jour quelque village à des particuliers, le tribut est diminué d'autant à son avoir sans moins peser pour cela sur la population agowe. Tout le beurre est vendu, sauf mille jarres que le roi en reçoit en présent. L'officier qui préside à ce tribut et à ces présents, et qui en rend compte, porte le titre d'*Agow-miziker* (**); sa charge lui vaut mille onces d'or. On peut juger par là de la façon dont ce revenu royal est administré.

(*) Le dalros est une grande jarre de terre qui contient environ trente kilos de miel.

(**) Celui qui tient compte pour les Agows.

Entouré de tous les chefs de tribus, qui ont pu se rendre au rendez-vous fixé selon eux par le ciel lui-même, le shum, après avoir sacrifié avec certains rites particuliers une génisse noire, lui coupe la tête qu'il plonge dans la source, et que nul être mortel, excepté lui, ne doit désormais apercevoir. A cet effet, il l'enveloppe rapidement dans la peau de l'animal, qu'on a eu soin de bien arroser en dehors et en dedans avec de l'eau du Nil.

On ouvre ensuite le corps de la génisse ; on le nettoie avec le soin le plus minutieux, après quoi on le place sur l'autel où on l'inonde d'eau, tandis que les aînés des familles et ceux qui sont les plus distingués dans le peuple, qui sont allés puiser de l'eau aux deux autres sources, apportent cette eau dans le creux de leurs mains jointes.

Tous les assistants se réunissent ensuite sur une petite colline voisine, et là, on partage le corps de la génisse en autant de parts qu'il y a de tribus. Ces parts sont inégales, et on les distribue, non selon l'importance actuelle de la tribu, mais suivant les anciens privilèges dont jouissait autrefois chacune d'elles ; ainsi Gheez, bien que son territoire soit le plus restreint de tous, a droit à la part la plus considérable.

Après avoir mangé tout cru le morceau qui leur en revient, et que chaque chef partage avec ceux de sa tribu qui l'ont accompagné, après avoir bu une large rasade de l'eau pure du Nil, les Agows rassemblent tous les os de la victime, et ils les brûlent dans l'endroit même où a eu lieu le festin.

Dès que tout ce cérémonial est accompli, les Agows prennent la tête de la génisse, qui est si bien enveloppée que personne ne peut la voir, et ils la portent au fond de la caverne de Gheez, laquelle, assure-t-on, s'étend jusqu'au pied des sources, et là, sans torches, mais avec un grand nombre de chandelles ordinaires, ils accomplissent des cérémonies dont Bruce, malgré toutes ses instances, ne put apprendre les détails.

A une certaine heure de la nuit, laquelle on ne consentit pas davantage à lui dire, ils en sortent, sans qu'aucun étranger ait

COUP DE VENT DANS LE DÉSERT

jamais su si la tête de la génisse avait été enterrée, brûlée ou mangée.

Les Abyssins ont forgé toute une légende au sujet de cette réunion mystérieuse. Ils racontent que Satan en personne, venant présider cette espèce de sabbat agow, mange avec les assistants la tête de la génisse, après que, sur cette tête considérée comme sacrée, ils lui ont renouvelé le serment de fidélité et d'obéissance, que leurs ancêtres lui ont prêté il y a des siècles et des siècles. Les Agows toutefois ne renouvellent pas ce serment sans faire leurs conditions. Ils font la réserve que le puissant esprit des ténèbres les récompensera en leur envoyant

CROCODILE

telle ou telle quantité de pluie, en un mot, un temps favorable pour leurs abeilles et leur bétail.

De ce qu'il est parvenu à tirer des Agows, joint à cette légende, Bruce conclut, avec une grande probabilité de vérité, ce nous semble, que les Agows invoquent dans la caverne l'Esprit qu'ils croient résider dans le fleuve et qu'ils appellent le Dieu éternel, la Lumière du monde, l'Œil de la terre, le Père de l'univers et que, soit par un effet de leur imagination, soit par l'effet de quelque disposition naturelle du lieu, ils croient entrer en communication plus ou moins directe avec lui.

En dehors de ce mystère qui rappelle ceux de l'antique Egypte, avec lesquels il a probablement une origine commune, Bruce recueillit de la bouche même du shum, qui fut son hôte pendant son séjour à Gheez et qu'il appelle *Kella-Abay* (1), les renseignements suivants sur le culte dont il était non pas le premier, mais le seul ministre.

Ces renseignements, du reste, étaient plutôt donnés en action qu'en paroles. Bruce, en effet, dit expressément :

« Le shum ne se faisait pas scrupule de prier devant nous pour demander de la pluie, de l'herbe en abondance et la conservation des serpents, ou du moins d'une certaine espèce de ces reptiles. Il parlait en même temps au tonnerre, qu'il anathématisait avec force objurgations.

» Toutes ces prières, récitées d'un ton très convaincu, très religieux, étaient chantées plutôt que parlées. C'était une espèce de psalmodie se rapprochant de la manière qu'ont les Juifs de prier soit dans les synagogues, soit dans leur propre logis, avec le même mouvement de tête et le même balancement de corps....

» Enfin, quand je le quittai, le vénérable prêtre du plus célèbre fleuve du monde me recommanda avec la plus grande ferveur aux soins de son dieu, ce qui, suivant la remarque assez plaisante d'un de mes compagnons abyssins, impliquait l'espoir que le diable m'emporterait. »

Ce que nous allons ajouter étonnerait à bon droit le lecteur, si nous n'avions, en maintes occasions, pris soin de faire ressortir la facilité étrange avec laquelle tous les peuples éthiopiens savent mettre d'accord les croyances les plus opposées.

Ainsi, de même que les Abyssins du Tigré et de l'Amhara, mêlant aux dogmes chrétiens les pratiques juives et les superstitions du fétichisme, les Agows, tout en conservant le culte primordial chez eux de l'esprit qu'ils prétendent présider aux sources du Nil, sont presque tous maintenant convertis au christianisme éthiopien, pour lequel

(1) *Abay* est le nom que les Agows donnent au Bahr-el-Azrak, *Kella-Abay* peut donc être traduit par *prêtre du Nil*.

FAUCON

même ils montrent plus de zèle et d'ardeur que les Abyssins proprement dits.

Nous devons citer encore comme nationalité distincte, les *Galafes*, peuple nombreux qui parle une langue à part et habite la majeure partie du Damot. Leur territoire produit du beau coton, et leurs mœurs sont relativement honnêtes et paisibles.

Il n'en est pas de même des *Curagues*, voleurs aussi rusés qu'intrépides, qui habitent, au sud-est de l'Abyssinie, le creux des rochers.

De ces retraites inconnues à leurs ennemis et d'ordinaire inaccessibles à quiconque ne connaît pas les passages secrets qui y conduisent, ils s'élancent sur les voyageurs et même sur les caravanes assez imprudentes pour s'aventurer dans leur pays, que quelques géographes désignent sous le nom de royaume d'*Oggy*, et semblables au faucon qui fond sur sa proie, ils profitent très habilement du premier moment de surprise pour en massacrer les conducteurs et en piller les richesses.

Ces pirates du désert sont fort redoutés aussi bien par les Abyssins, qu'ils n'épargnent pas plus que les autres, quoique nominalement ils fassent partie de l'empire, que par les habitants de l'intérieur de l'Afrique. Aussi les uns et les autres évitent-ils soigneusement de s'aventurer sur leur territoire.

Ce territoire produit du musc, de l'ambre, du bois de sandal et du bois d'ébène.

On assure que quelques trafiquants de race blanche sont parvenus à y pénétrer et à y jeter les bases d'un commerce d'échange, de nature non seulement à enrichir les populations, mais à modifier complètement leurs mœurs.

Le nombre total de la population abyssine est évalué à environ 3,500,000 âmes, dont à peu près 2,000,000 pour le seul royaume du Tigré.

Ainsi que nous l'avons fait remarquer à plusieurs reprises, l'anarchie féodale qui règne dans l'empire du négus est tout à fait contraire à la liberté des relations commerciales avec ce pays.

Le commerce étranger n'y est pas néanmoins sans importance. Adova en est le principal comptoir et Massouah le principal port.

L'Europe y envoie du plomb, de l'étain, du cuivre, des feuilles d'or, des tapis de France, de la verroterie de Venise; l'Asie y écoule des soies écrues, des tissus de coton, et l'Egypte du maroquin, ainsi que divers articles manufacturés, choisis notamment parmi ceux qui sont appropriés au culte religieux.

Le reste des objets consommés en Abyssinie sont produits par le pays et ouvrés par l'industrie nationale. Cette industrie, encore à l'état d'enfance, est destinée à prendre un puissant essor sous l'influence des Européens. Le peuple abyssin paraît être, en effet, de tous les peuples africains, celui que ses goûts, ses habitudes, son génie particulier, en un mot, semble rendre le plus accessible à notre civilisation, aussi bien sous le rapport intellectuel que sous celui des arts et de l'industrie.

CAÏMAN

LE NIL BLEU

Cette branche, ou, pour mieux parler peut-être, cet affluent considérable du Nil, que Bruce prit pour le grand fleuve lui-même et dont il eut le mérite incontestable de découvrir les sources, jusque-là ignorées non seulement des savants modernes, mais des peuples de l'antiquité dont toutes les recherches à ce sujet avaient été nulles, a droit, dans notre travail, à un chapitre à part.

Il mérite ce chapitre, et par sa propre importance et par celle que la découverte de ses sources donna au voyage de Bruce, dont la relation occupe une trop grande place dans nos récits, pour que nous omettions le fait capital qui en fut le couronnement.

Disons d'abord que le Nil Bleu est l'*Astapus* des anciens. Il prend sa source dans le Godjam, au pays des Agows, à plus de 3,000 mètres au-dessus du niveau de la mer; il traverse le lac *Tzana* ou *Dembéa*, dont les eaux sont à 1,700 mètres au-dessus de celles de l'Océan; il décrit ensuite une grande courbe dont l'ouverture est dirigée vers l'ouest et sépare le Godjam et le Damot du pays des Gallas. Il va ensuite, en traversant le Sennaar, rejoindre près de Khartoum le fleuve Blanc, avec lequel il ne forme plus désormais *qu'un seul* cours d'eau, le *Nil*.

La description que Bruce en donne, tel qu'il se montra à lui, dans le district du *Goutto*, mérite d'être mentionnée.

« Le 2 décembre (1770), nous arrivâmes, dit-il, sur les bords du Nil. Le passage, en cet endroit, est très difficile et très dangereux, parce que le fond est rempli de trous par où il jaillit des sources et parce qu'il y a des amas de sable fin où l'on s'enfonce, ainsi que de grosses pierres semées de distance en distance. Le côté de l'est a un fond d'argile vaseux et plein de crevasses.

» Le fleuve a, dans le milieu, un mètre vingt-cinq centimètres de profondeur, et sur les bords pas plus de cinquante centimètres. Les écores sont doucement inclinées.

» La rive occidentale est ombragée de beaux arbres de l'espèce du saule. Ces arbres viennent très droits, sans nœuds, et portent des cosses longues et pointues qui renferment une espèce de coton. Les Abyssins donnent à cet arbre le nom de *ha*, et ils s'en servent pour faire du charbon, qu'ils emploient dans la fabrication de la poudre de guerre et de chasse.

» Au delà de cette bordure ombreuse s'étend un admirable paysage. La force de végétation que produit la rivière, jointe à l'influence féconde d'un soleil très chaud, doit se concevoir sans qu'on la voie; et cependant on ne peut la voir sans en être surpris.

» On ne peut s'empêcher d'être ravi du spectacle magnifique qu'offrent ces arbres, ces arbustes chargés de fleurs de toutes les couleurs, au-dessus desquelles voltigent une infinité d'oiseaux, parés d'un plumage aussi brillant que varié, et enchantés, semble-t-il, d'habiter ce délicieux rivage.

» La rive opposée offre avec celle-ci un singulier contraste : hérissée de rochers pointus aux formes bizarres, elle est couverte, jusqu'à une grande distance, de massifs boisés inextricables et sombres, du sein desquels s'élèvent çà et là de grands arbres, dont les troncs majestueux sont déjà à demi sapés par la main du temps.

» Cet aspect austère, nous dirions volontiers terrible et menaçant, nous causa une émotion involontaire, presque voisine de la crainte : ne pouvait-il en sortir à tout instant quelque lion ou quelque autre animal plus redoutable encore?

» Les indigènes qui nous accompagnaient, aussi bien que ceux qui, à notre approche, accoururent en foule pour voir un de ces « blancs, » dont tout Abyssin de l'intérieur a souvent entendu parler, mais que si peu d'entre eux ont eu occasion de voir, partageaient évidemment cette impression; toutefois un sentiment bien différent dominait en eux la vénération qu'inspire aux indigènes « le fleuve sacré, père des eaux de l'ancien monde. »

» J'étais, je l'avoue, bien près de partager ce sentiment, qui me

PÉLICAN

remettait en mémoire tous mes auteurs classiques. Dans tous les cas, je retrouvai là avec intérêt un trait de ressemblance de plus entre l'Ethiopien de nos jours et les anciens Orientaux.

» La vénération, en effet, que l'antiquité avait pour le Nil et qu'ont encore les peuples qui vivent près de ses sources, s'étend jusqu'à Goutto et même plus loin, ce qui provient, croyons-nous, de ce que ce pays a toujours appartenu à ses habitants indigènes.

» Le Maïtcha a été, depuis quelques siècles déjà, peuplé de Gallas, que la politique de Yasous le Grand y avait appelés; mais à Goutto, comme dans tout le canton des Agows, les naturels se sont perpétués sans mélange, et leurs antiques superstitions sont non seulement restées enracinées dans leurs cœurs, mais elles continuent à leur servir de règle de conduite.

» Ainsi, dès que les naturels, accourus, comme nous l'avons dit, à notre rencontre, surent que nous nous proposions de traverser le fleuve, ils s'offrirent obligeamment pour nous y aider. Mais, quand ils virent que nous nous proposions d'effectuer ce passage sur nos montures, ils nous déclarèrent net que tout homme qui s'aviserait d'entrer dans l'eau, monté sur un cheval ou sur un mulet, serait incontinent lapidé.

» Et, comme les pierres ne manquaient pas sur la rive, et que de plus nous avions affaire à des gens résolus et qui nous étaient bien supérieurs en nombre, il fallut nous résigner à en passer par où ils voulaient.

» Ils déchargèrent sans cérémonie nos mulets; ils nous firent ôter nos souliers et menacèrent de lapider quiconque essayerait de laver la moindre partie de ses vêtements dans le fleuve....

» A cette dernière injonction, mes gens se rebiffèrent, et une querelle allait s'engager, dans laquelle nous n'aurions certainement pas eu le dessus, en dépit de nos armes à feu, lorsque j'intervins.

» Ravi de retrouver dans un lieu, où certes je ne m'attendais à rien de semblable, ces restes de l'antique et célèbre culte rendu au Nil, mon admiration m'avait d'abord rendu indifférent au côté pratique de la question.

» Quand je revins à moi-même, je n'hésitai pas sur le parti à prendre; je demandai pour toute faveur qu'on nous permît de puiser, avec tel cérémonial qu'on trouverait bon de nous imposer, de l'eau du fleuve pour nous désaltérer et pour abreuver nos animaux.

» Ce premier point obtenu, je m'abandonnai entièrement et j'ordonnai à mes gens de s'abandonner également à la direction des indigènes.

COLONNE DE POMPÉE

» Deux d'entre eux, me prenant par-dessous les bras, me firent passer avec beaucoup de précaution par rapport aux trous où nous pouvions tomber. Malgré l'aide qu'ils me prêtaient avec la plus grande prévenance, je souffrais beaucoup de n'avoir pas mes souliers, car les cailloux et les roches aiguës qui tapissaient le fond me déchiraient les pieds. Ensuite les Agows passèrent nos chevaux, nos mulets, nos bagages et mes gens, avec les mêmes précautions qu'ils avaient eues pour moi (1).

» .... Pendant que mes gens, une fois sur l'autre rive et arrivés au village du Goutto, s'occupaient à chercher à acheter une vache pour renouveler nos provisions, tâche difficile, parce que les habitants effrayés avaient, dès qu'ils nous avaient vus paraître, caché tout leur bétail, le bruit lointain de la cataracte me donna l'idée de profiter des quelques heures dont on pouvait disposer avant la nuit pour aller la visiter.

» Je partis, bien armé, avec mon guide et un domestique de confiance. Dirigé par les mugissements de l'eau, nous traversâmes au petit galop et à peu près en droite ligne, une plaine hérissée de rochers et couverte de bois. En moins d'une demi-heure nous arrivâmes en présence d'un spectacle qui, tout magnifique qu'il est, fut loin cependant de répondre à l'idée que je m'en étais faite.

» Cette chute, qui est appelée ici la première cataracte du Nil, n'a guère plus de cinq mètres de hauteur, et la nappe d'eau qu'elle fait en tombant et qui a environ soixante brasses de large, se divise en quelques endroits, et laisse, dans sa chute, des intervalles de rocher à découvert, ce qui nuit singulièrement à la beauté de l'ensemble.

» En un mot, elle n'est en aucune manière ni si belle, ni si digne d'admiration que la cataracte d'*Alata*, que l'on appelle improprement la seconde cataracte, car un peu au-dessous de celle du Goutto, il y a une autre cascade, et une autre encore au-dessus de l'endroit où le

(1) Bruce place ici le détail d'une aventure qui *lui* fut personnelle en cette occasion, et dans laquelle le guide qui lui avait été donné à Gondar trouva moyen de l'exploiter lui et les pauvres Agows, d'une façon qui prouve que la ruse et l'aplomb ne manquent pas plus aux Abyssins qu'aux autres peuples de race noire.

Nil reçoit dans son sein la rivière de Gumetri, après qu'il a traversé les plaines de Scala.

» Enfin, on en trouve encore plusieurs autres entre le confluent du Nil et de la rivière de Davola et les sources du fleuve. Il est vrai que ces dernières cascades sont peu considérables et qu'elles n'ont même de la chute que lorsque le fleuve a beaucoup d'eau. Dans la saison des pluies où le lit du Nil est plein, on ne les distingue guère qu'au frémissement des eaux qu'on voit rouler par dessus...

» .... A notre retour au camp, nous eûmes l'agréable surprise de trouver nos gens occupés à dépouiller une vache qu'ils venaient de tuer, après avoir eu l'heureuse fortune de persuader à un des habitants de la leur vendre....

» Bientôt j'étais assis devant une succulente grillade de la pauvre bête, dont mes gens se partageaient la chair crue, et je me reposais de cette journée si fertile en émotions, ou plutôt je la complétais, en repassant et en classant dans mon esprit, les divers épisodes qui en avaient marqué le cours. »

Cataracte d'Alata.

Revenant en arrière dans les récits de Bruce, nous lui demandons la description de cette cataracte que nous l'avons entendu tout à l'heure placer, comme pittoresque et importance, si au-dessus de celle du Goutto.

Notre voyageur, qui accompagnait en ce moment le négus dans une de ses expéditions guerrières contre Fasil, un des rebelles le plus célèbre de ce temps, avait laissé l'armée royale à une grande distance sur les bords du fleuve, et, avec la permission du prince, s'était avancé en compagnie d'un guide et de quelques soldats d'escorte jusqu'à la cataracte.

Nous le retrouvons un peu en dessous de la magnifique chute d'eau, en contemplation devant un pont d'une seule arche, mesurant neuf à dix mètres, dont les deux extrémités sont très solidement appuyées sur le roc vif.

Ce pont, qui est une des curiosités architecturales et une des merveilles les plus remarquables du pays, a été souvent en butte aux efforts des habitants à demi sauvages de la rive occidentale du fleuve dont cette facilité donnée aux communications trouble les habitudes. Ces tentatives de destruction sont attestées par de nombreux fragments du parapet gisant çà et là, et par les réparations plus nombreuses encore qui ont été faites au pont même.

Le Nil, en cet endroit, est resserré entre les deux rochers qui lui servent de piles et que ses flots furieux ont profondement creusés. Le coup d'œil est des plus grandioses. Le mouvement des eaux, le bruit sourd et continu qu'elles font en battant la vieille roche, en tiennent éloignés les crocodiles. Ces hôtes terribles du Nil inférieur n'osent, assure-t-on, arriver jusque-là.

Il faut remonter le fleuve pendant environ un demi-mille au delà du pont pour arriver à la cataracte. Les sites qui se succèdent pendant ce parcours sont d'une si merveilleuse beauté, qu'il semble que rien ne puisse les surpasser.

Et cependant, quand on arrive en présence de la cataracte, on reste saisi d'admiration et on oublie tout ce qui n'est pas elle.

Qu'on se figure une immense masse d'eau, s'élançant de quinze à seize mètres de hauteur, et formant en tombant une nappe de trente à quarante centimètres d'épaisseur sur une étendue en largeur de plus d'un demi-mille.

Quelqu'augmentées qu'elles soient par les pluies, les eaux conservent habituellement toute leur limpidité, on dirait des ondes de cristal. En tombant dans leur vaste bassin de rochers, elles se divisent en plusieurs flots opposés, dont une partie, revenant en arrière avec fureur, va frapper les bords du roc qui forme les parois du bassin et ne se décident à aller se mêler en bouillonnant aux courants écumeux du fleuve, qu'après s'être en quelque sorte épuisées en efforts pour renverser la vieille roche.

Le bruit de cette lutte titanesque, engagée depuis tant de siècles entre le flot et le rocher, forme un fracas dont il est impossible de se faire une idée.

« La vue de cette cascade, conclut Bruce, me parut si magnifique, si imposante que, lors même que je vivrais plusieurs siècles, elle ne s'effacerait pas de ma mémoire. Elle me plongea d'abord dans une sorte de stupeur, dans l'oubli complet de ce qui m'environnait et de moi-même.... La nature ne peut rien offrir de plus grandiose à l'œil de l'homme, et je ne crois pas exagérer en affirmant que c'est là un des plus merveilleux chefs-d'œuvre de la création. »

CONCLUSION

L'état actuel de l'Abyssinie. — Le négus Johannès.

Si l'on veut se rendre bien compte de l'état actuel dans lequel se trouve l'Abyssinie et, par suite, de l'importance du rôle civilisateur qu'une puissance sympathique et chrétienne, telle que la France, semble appelée à y prendre, il est nécessaire de remonter à la mort de Théodoros.

Après cette mort et après le départ des Anglais, dit M. Raffray, dans son savant et intéressant voyage, le pays retomba dans l'anarchie. Avec Menelek à sa tête, le Choa recouvra son indépendance ; l'Amhara eut Gobassié pour raz, et le Tigré Kassa, dont nous avons déjà mentionné le nom au courant de la plume.

Ces deux derniers, nouveaux et puissants compétiteurs au trône d'Abyssinie, ne tardèrent pas à entrer ouvertement en lutte.

« Kassa était à Adowa, pauvre et presque sans armée ; Gobassié régnait à Gondar, commandant à près de soixante mille soldats, et tout faisait présager qu'il aurait aisément raison de son adversaire. Plus d'un se laissa tromper par les apparences et fut victime de son erreur.

» Les armées se trouvèrent en présence, non loin de la capitale du Tigré, où Gobassié était venu trouver son ennemi.

» J'ai visité, continue M. Raffray, ce champ de bataille, que jonchent encore les ossements blanchis des hommes et des chevaux, et un des acteurs de cette lutte mémorable m'a donné sur les lieux mêmes quelques renseignements que je ne crois pas inutile de reproduire ici.

» A l'ouest d'Adowa, sur la route d'Axoum, au sud de la plaine qu'arrose l'Assam, se trouve un mamelon adossé à la montagne. C'est sur les flancs de ce mamelon que Kassa étagea sa petite armée, forte à peu près de douze mille hommes, tandis que les soixante mille soldats de Gobassié couvraient la plaine qui ressemblait à une forêt de javelines.

» La fusillade crépita de toutes parts, mais les soldats de Kassa, disposés par rangs superposés, pouvaient tous tirer à la fois, tandis que les premiers rangs seulement de l'armée de Gobassié faisaient usage de leurs fusils.

» Kassa donna l'exemple de la bravoure : « C'est de là, me disait
» le narrateur abyssin en frappant le sol du talon de sa javeline,
» que le roi, un genou en terre, impassible et méprisant le danger,
» ajustait ses ennemis d'une main si sûre que chacune de ses balles
» portait la mort. »

» Gobassié, voyant ses troupes décimées par la fusillade, veut tenter l'assaut du mamelon; il s'élance, mais son cheval s'abat, frappé d'une balle; tous deux roulent dans la poussière. Les Tigréens fondent à leur tour sur l'ennemi, et le raz d'Amhara fait prisonnier, la victoire est au petit nombre.

» Le trésor et les papiers de Gobassié furent saisis avec lui, et Kassa eut la preuve de bien des trahisons et de bien des complots. Politique habile, il ne donna point cours à sa juste colère, et, renfermant ses haines dans le plus profond de son cœur, il ne punit que quelques hommes dont la culpabilité était notoire, attendant que son pouvoir fût assez solidement assis pour laisser éclater sa vengeance. Instruit toutefois par l'exemple de ses devanciers, il ne pardonna pas au vaincu.

» Les usages du pays voulaient qu'on fît sauter les yeux de Gobassié en lui bourrant les oreilles de poudre; généralement le crâne saute du même coup. Kassa commua la peine, et Gobassié eut simplement les yeux crevés avec une lame de couteau rougie au feu. Il fut ensuite chargé de chaînes d'argent et transporté sur l'Amba-Salama où il mourut assez peu de temps après.

» Seul maître du pays, Kassa se fit sacrer empereur à Axoum, sous le nom de Johannès, et marchant sur l'Amhara, qui se soumit au vainqueur, il installa son camp à Debra-Thabor. »

M. Gabriel Simon, à qui nous avons emprunté la citation qui précède — citation reproduite par lui dans son récent et remarquable travail sur l'Ethiopie (1), — fait mention d'un détail curieux au sujet des chaînes dont devait être chargé Gobassié : « D'après les habitudes abyssines, dit-il, tout prisonnier royal doit être attaché avec des chaînes dorées ; conduit, après sa défaite, en présence de Kassa, Gobassié, qui s'était déjà cru et intitulé négus, ne manqua pas de réclamer cette prérogative.

» Kassa lui répondit, sur le ton de la plaisanterie, qu'il n'était pas plus roi que lui-même au moment de la lutte et que, par conséquent, il n'avait aucun droit à un tel privilège. « Toutefois, ajouta-t-il, comme » je tiens à honorer mon compétiteur au trône d'Ethiopie, je vous » ferai mettre des chaînes d'argent. »

Malheureusement cette promesse cadrait mal avec les ressources très légères encore du budget du nouveau négus. Il fallait trouver une échappatoire ; l'esprit inventif de Kassa ne chercha pas longtemps : en faisant étamer avec soin une chaîne de fer, il la transforma en chaîne d'argent....

C'est ici, ce nous semble, que doit prendre place le portrait du négus dont nous venons de raconter l'avènement au trône.

« Johannès le Rouge (*kaï*), ainsi nommé par ses sujets à cause de la couleur singulière de sa peau, paraît (2) être âgé de quarante deux à quarante-cinq ans (3) ; son corps est svelte et bien proportionné ;

(1) *L'Ethiopie, ses mœurs, ses traditions.* Librairie Challamel aîné, rue Jacob, 5. 1 vol. in 8°.

(2) Ce mot *paraît*, employé par M. Gabriel Simon, s'explique par ce que nous avons dit du manque absolu de constatations officielle ou religieuse des naissances en Abyssinie, même lorsqu'il s'agit des familles princières.

(3) Cette appréciation était faite en 1882, ce qui rapprocherait actuellement du demi-siècle l'âge du Négus.

ses extrémités sont très fines. Son regard dur et pénétrant, ses traits réguliers et nettement arrêtés forment un ensemble sévère que corrige un peu l'ovale légèrement allongé du visage.

» Grave, sérieux et réservé comme tous les Orientaux, il parle peu. Il a la parole brève d'un homme peu habitué à souffrir la contradiction, et ses sujets tremblent à son approche. Tout Abyssin qui entre chez lui se prosterne trois fois la face contre terre et attend, les épaules découvertes, que le maître l'autorise à parler. Veuf, il a fait le serment de ne pas se remarier, et les femmes ne sont point admises à sa cour.

» Moine et soldat, comme l'appellent ses sujets, il gouverne son peuple par le mysticisme et prétend que des anges lui apparaissent et lui dictent les ordres du ciel. Monarque absolu, il entreprend telle expédition qu'il juge convenable, et lorsqu'il veut conquérir des contrées voisines de son royaume, il se met en marche au nom de la religion qu'il doit répandre, dit-il, par ordre de Dieu, chez les peuples barbares.

» Chaque samedi, il se rend sur un mamelon voisin de sa demeure, et là, entouré des grands officiers de la couronne, il tient son « lit de justice » à l'ombre d'un immense parasol de soie rouge.... »

Qui ne reconnaît ici la parfaite exactitude des descriptions de mœurs et d'usages données par Bruce? Le négus actuel n'est-il pas la personnification exacte des anciens rois abyssins, tels que le célèbre voyageur écossais les a étudiés dans l'histoire, dans les traditions du pays; tels qu'il les a vus, occupant, pendant son séjour à Gondar, le trône de la dynastie salomonique?

Encore un trait frappant de ressemblance. Nous avons rapporté — toujours d'après Bruce — l'usage où sont les chefs abyssins de faire célébrer leurs louanges par leurs poètes ou troubadours et, lorsque l'occasion s'en présente, de les célébrer eux-mêmes : « Je suis, disent-ils, fils d'un tel; mes exploits égalent, s'ils ne les surpassent, ceux de mes ancêtres, etc., etc. »

Cet usage, qui rappelle les héros d'Homère et remonte par conséquent à la plus haute antiquité, n'est point tombé en désuétude, témoin le fait suivant rapporté par le savant voyageur qui nous sert ici de guide, et qui, se rapportant au négus actuel, a un intérêt d'autant plus indiscutable, que, tout en constatant un détail de mœurs fort remarquable, il ajoute au portrait que nous tracions tout à l'heure un trait caractéristique fourni par l'original même de ce portrait.

Nous avons parlé des joutes auxquelles se plaisent les Abyssins et qui rappellent à la fois les tournois des chevaliers du moyen âge et les fantasiahs des Arabes.

Or, à l'occasion d'une de ces joutes à laquelle il avait pris part et où il s'était distingué, Kassa, alors qu'il n'était encore que Dedjazmatch, disait, dans une harangue prononcée devant un de nos compatriotes, le capitaine Gerard, ainsi que celui-ci le rapporte textuellement dans ses *Souvenirs d'Abyssinie* :

« J'ai reçu et j'ai donné des coups de lance; je suis Kassa; je suis le fils D'jabafankel; une balle autour de mon cou me sert de *mateb* (1). Je suis le fils D'jabafankel; je suis un lion, fils d'un lion; sur mon cheval *Fanzo*, j'ai battu les Gallas; j'ai percé de mon sabre les gens du Tigré; avec mon fusil j'ai vaincu l'Amhara; dans les précipices les plus profonds j'ai culbuté les Taltals. Oui! je suis le fils D'jabafankel; hier j'étais *balambaras,* aujourd'hui je suis *dedjazmatch*, demain je serai *raz*. Je suis Kassa; je ne crains personne. Où est celui qui m'a vu fuir? Qu'il se présente celui qui osera m'enlever mon bouclier?... »

Dans son ambition, Kassa rêvait le titre de raz, c'est-à-dire le gouvernement d'une province; la fortune a dépassé de cent coudées ce rêve qui pouvait sembler audacieux : elle lui a donné le sceptre des négus; elle a fait plus encore, elle a mis en ses mains l'avenir de l'antique et glorieuse Ethiopie.

Cependant, au moment où nous avons suspendu le récit des hauts faits de Johannès pour tracer son portrait et dépeindre son caractère,

(1) Le nom de *mateb* est donné au cordon bleu que, ainsi que nous l'avons dit, tout chrétien abyssin porte autour du cou.

il était loin encore de posséder la puissance qui lui est acquise aujourd'hui.

En effet, bien que maître du Tigré et de l'Amhara, il n'avait pas encore imposé sa suzeraineté à Menelek (1), roi de Choa, et à Raz-Adal, souverain du Godjam.

Sans hésiter, il leur fait la guerre ; il attaque d'abord Raz-Adal, qu'il remplace par Raz-Desta ; il se retourne ensuite contre Menelek, qu'il poursuit jusqu'au cœur de ses Etats.

Ces deux princes se soumettent, et Johannès rentre à Debra-Thabor, d'où, « à l'exemple de Théodoros, il surveille et dirige son empire. Plus intelligent et non moins ambitieux que Théodoros, il affecte beaucoup de modération et s'attache à se montrer aux Européens qui l'approchent, animé du désir de se sacrifier entièrement à l'unification de son pays, en travaillant à sa paix intérieure et extérieure. Il dit hautement qu'il attend impatiemment le moment où le dernier de ses vassaux rebelles sera vaincu, pour appeler à lui l'aide et les sympathies de l'Europe et, en particulier, celles de la France. »

Il espère, ajoute-t-il, qu'avec le désintéressement généreux qui leur est propre, les Français « apporteront à ses sujets les bienfaits de leur civilisation et les initieront aux secrets de leurs industries, secrets qui excitent sa profonde admiration.

» Mais il désire avant tout que les puissances européennes envoient des émissaires sages et intelligents, chargés de terminer le différend perpétuel entre lui et l'Egypte, qui enserre tous les jours davantage son royaume et s'empare de ses provinces.

» L'Egypte ne lui a-t-elle pas pris jusqu'ici tout le littoral de la mer Rouge? Ne sait-il pas, en outre, qu'elle convoite son pays entier? Il demande que ses frontières et celles de l'Egypte soient définitivement délimitées au mieux des intérêts communs, et il s'engage, une fois ces limites ainsi déterminées, à ne pas les dépasser. »

Ces réclamations semblent justes, et la solution d'une question d'autant plus grave que l'attention de l'Europe se concentre d'une

(1) Les anciens auteurs écrivent Menelek, les voyageurs contemporains disent Menelik.

façon plus particulière sur le continent africain, devient de plus en plus pressante.

Les puissances européennes ne se hâtent pas cependant de répondre à l'appel du négus. Celui-ci, livré à ses propres forces, se défend vaillamment contre ses oppresseurs, et la victoire couronne ses efforts.

C'est ainsi que, pendant l'hiver de 1875 à 1876, le khédive Ismaïl, autant pour s'emparer d'une partie de l'Ethiopie que pour mettre fin aux excursions des Abyssins sur son territoire, résolut une expédition contre des voisins qu'il estimait être devenus trop audacieux.

Un corps de cinq mille combattants fut réuni à cet effet à Massouah et dirigé sur l'Abyssinie, où il devait entrer par le plateau du Hamassen.

Ismaïl, accoutumé aux luttes avec les tribus à demi barbares du Soudan égyptien, ne doutait pas que cet armement fût plus que suffisant pour faire une trouée victorieuse et arriver à Gondar.

Il en fut tout autrement : « le mauvais état des chemins, les difficultés d'approvisionnement et peut-être aussi l'impéritie des chefs ne tardèrent pas à affaiblir, à démoraliser le corps expéditionnaire envoyé par le khédive. Bientôt la situation des troupes devint des plus critiques ; enfin, le jour de leur rencontre avec l'ennemi, elles occupaient des positions telles qu'un désastre était presque inévitable.

» Sur les cinq mille hommes, deux mille deux cents seulement avaient pu être groupés et traverser le Hamassen, sous les ordres du colonel Arendrup ; le reste était en voie de formation à Massouah et à Keren et devait constituer la réserve. La marche en avant d'une troupe si faible était déjà une grave imprudence, les mauvaises dispositions prises par les chefs de cette colonne firent le reste.

» Le jour du combat, en effet, cette dernière se trouva divisée en cinq fractions échelonnées sur une profondeur de quatorze kilomètres environ à vol d'oiseau, étendue considérable si l'on veut bien se souvenir combien le terrain est accidenté et les communications difficiles.... »

En présence de cette invasion, Johannès rassemble son armée et fait surveiller l'ennemi sans montrer ses forces. Il attend patiemment le moment favorable pour exécuter une attaque générale et, ce moment venu, il fait camper son avant-garde à quelques kilomètres de distance des Egyptiens, sans que ceux-ci puissent soupçonner le dangereux voisinage qui les menace.

Dès le point du jour, les Abyssins s'ébranlent sur trois colonnes, et le soleil est encore à demi caché derrière le sommet des montagnes voisines, que les avant-gardes égyptiennes se trouvent enveloppées de toutes parts. Moins d'une heure de combat suffit à les mettre en pleine déroute.

Sans perdre son temps à les poursuivre, Johannès, par une heureuse infraction à la tactique habituelle à ses compatriotes, court au gros de la petite armée. La bataille s'engage avec une égale ardeur de part et d'autre. Depuis neuf heures du matin jusqu'à deux heures de l'après-midi, le sang coule à flots; le négus paie de sa personne comme s'il était un simple guerrier. Son exemple électrise ses hommes; les Egyptiens se réfugient dans une vallée voisine.

De là, ils gagnent une retraite d'un difficile accès où, se sentant perdus, ils s'apprêtent à vendre chèrement leur vie.

« Les Abyssins les attaquent vers trois heures du soir; deux heures plus tard, le bataillon égyptien était complètement détruit; la petite rivière voisine roulait des flots de sang, et la vallée désolée était jonchée de cadavres affreusement mutilés.... Seuls, trois ou quatre Egyptiens réussirent à se sauver et allèrent porter à Massouah la fatale nouvelle. Il y eut là un tel massacre que, cinq ans après, ces lieux ressemblaient encore à un vaste ossuaire.

» .... Cependant Ismaïl résolut de venger l'échec infligé par le négus à ses armes; il envoya des renforts, et deux colonnes, fortes de cinq mille hommes chacune, se mirent en route pour Guinda et Goura; elles ne devaient pas aller plus loin. Arrêtées par Johannès à Goura, elles tombèrent misérablement sous les coups des lances abyssines.... Bientôt maîtres du champ de bataille, les Abyssins massacrèrent tout ce qui se rencontra sur leur passage. Le négus fit épargner seulement une centaine de prisonniers, parmi lesquels se trouvait le prince Hassan, fils du khédive, et les rendit contre une forte rançon; mais, voulant perpétuer chez eux le souvenir de cette campagne néfaste, il leur fit tatouer le bras droit d'une croix, « marque du monarque chrétien d'Ethiopie. »

Le khédive ne se tint pas pour définitivement battu; plusieurs autres armements furent organisés par ses ordres contre le négus; tous eurent le même sort. Johannès y gagna une immense gloire militaire, une grande prépondérance en Ethiopie et, ce qui était un avantage énorme pour un prince auquel il est presque impossible de se procurer, par voie d'achat, des armes à feu de fabrication moderne, vingt-cinq mille excellents fusils Remington. Le butin ne se borna pas à ces fusils : un matériel considérable, des vivres, des chevaux, des mules, des chameaux et de l'artillerie allèrent enrichir les magasins et les arsenaux du négus, qui ordonna de placer les canons dans les principales églises de l'empire, où ils forment autant de trophées chargés de rappeler à son peuple le souvenir de sa victoire sur les Musulmans.

Quant au khédive, « pour jeter un voile épais sur les désastres de ses armées, il en défendit toute publication; c'est ainsi que ces événements, d'où dépendait cependant l'existence d'un peuple, ne furent connus que très tard et très imparfaitement.

» Du reste, tout fut mystérieux dans cette expédition, dont les préludes avaient été également tenus secrets, dans l'espoir sans doute de faire accepter par l'Europe le fait accompli, lorsque l'Abyssinie, proie facile aux yeux du gouvernement khédivial, serait devenue une province égyptienne.

» Les officiers de l'armée envahissante s'étaient flattés de ne faire qu'une promenade militaire jusqu'à la capitale du Tigré. Déçus dans leur espoir, ils éprouvèrent à leurs dépens ce que la foi religieuse et l'amour de la patrie peuvent enfanter de virilité chez un peuple à demi sauvage et mal armé (1)! »

(1) M. Gabriel Simon. *L'Ethiopie, ses mœurs, ses traditions.*

Plus puissant que jamais, Johannès a décidément fixé sa résidence à Debra-Thabor. Il ne s'en éloigne guère que lorsqu'il a à établir la paix dans son royaume ou à faire la guerre aux Gallas et aux Adals, « qu'il brûle de convertir au christianisme. » C'est de là qu'il donne ses ordres aux raz du Choa et du Godjam et qu'il encourage l'extension sinon de leur autorité, du moins de leur influence, jusqu'aux limites les plus extrêmes de l'antique Ethiopie, et en particulier jusqu'au cœur du royaume de Kaffa.

De là encore, il veille à se concilier les sympathies de l'Europe en assurant, dans la mesure du possible, la sécurité des voyageurs. Nous disons dans la mesure du possible, parce que l'autorité même du redouté négus ne suffit pas toujours à contrebalancer, en dehors de sa présence, l'antique et traditionnelle animosité qui a existé jusqu'ici entre les populations africaines et européennes.

Le progrès de notre civilisation peut seul renverser les barrières qui les séparent. Le négus Johannès semble disposé à aider à ce progrès. C'est à l'Europe, c'est surtout à la France qu'il appartient de ne pas laisser s'affaiblir, sans les utiliser au profit commun, ces favorables dispositions.

TABLE DES MATIÈRES

TABLE DES VIGNETTES

— Lille, Typ. J. Lefort, 1886 —

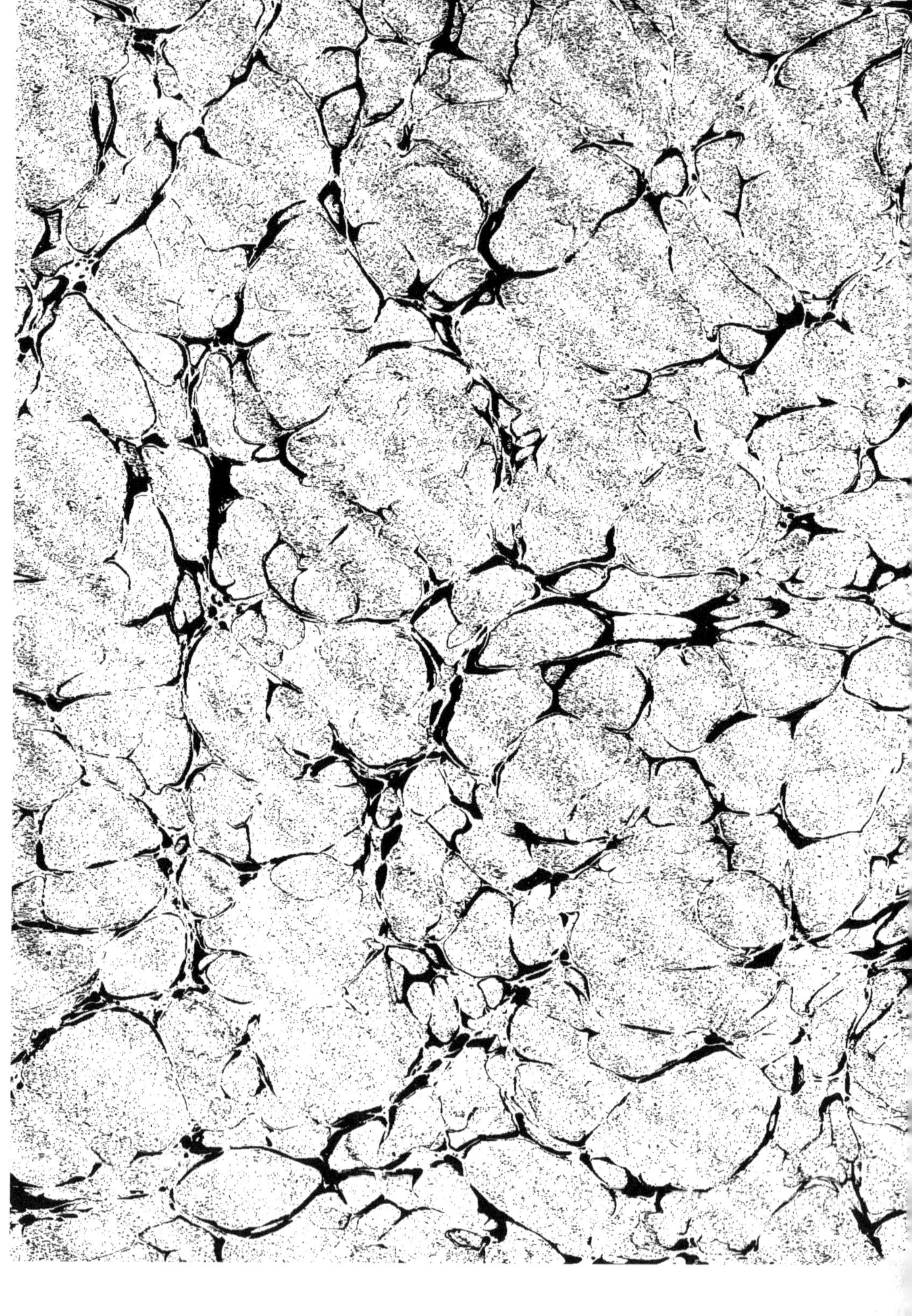

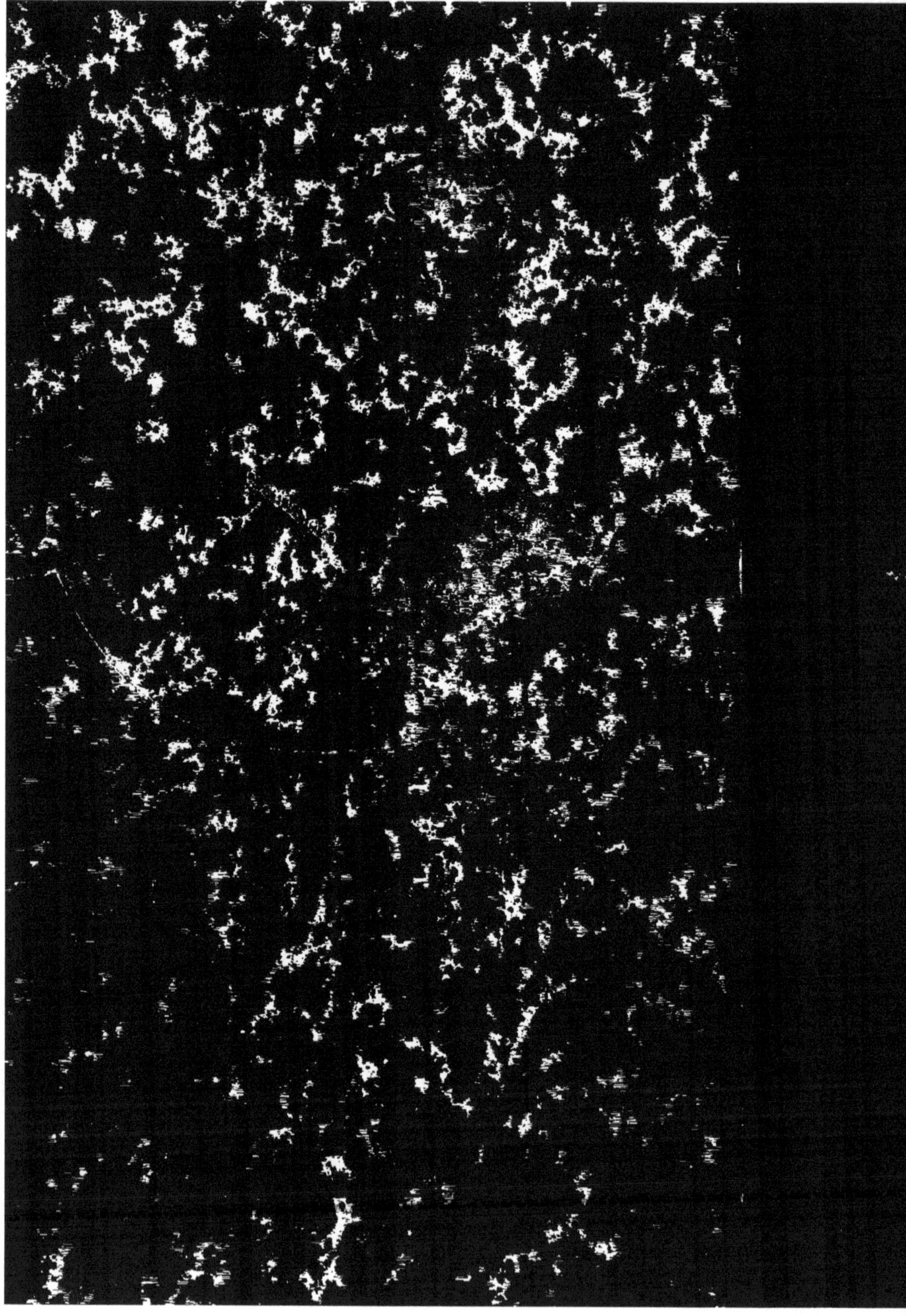

www.ingramcontent.com/pod-product-compliance
Ingram Content Group UK Ltd.
Pitfield, Milton Keynes, MK11 3LW, UK
UKHW022045190726
13855UKWH00002B/414

9 782012 875913